緑風出版

はじめに

二〇二二年二月二四日からのロシア軍のウクライナ侵攻、二三年一〇月七日のパレスチナのハマスによるイスラエルへの奇襲から始まったイスラエル軍のガザ地区への空爆。東ヨーロッパの戦争が、中東に飛び火したかのように戦争の拡大が止まらない。この二つの戦争は直接には関係無いにしても、どちらも戦争という国家による暴力で相手を殲滅しようとする衝動によって引き起こされた。アジア地域も含め、戦争によって自らの目的を成し遂げようとする国家の覇権主義や新たな植民主義。それが戦争を誘い続けている今日の世界の現実だ。異常気象や人権問題など、国際社会では解決しなければならない課題が山積するなかで、なぜかくも戦争という国家暴力が蔓延る(はびこる)のか。なぜ、他国の領土と主権を侵し、他国民の人権を蹂躙しようとするのか。歴史から何も学ぼうとしない国家や国民が、余りにも多いからなのか。

戦争や紛争が現代世界のある意味でトレンドになってしまった感のあるなか、近年益々関心を集めているのは、戦争の原因究明と同時に戦争の道具として大量に生産され、国際ネットワークのなかで世界中を市場として移転する武器の存在だ。およその数字で言えば、全世界で年間三〇〇兆円を超す軍事費が国家予算として計上され、そのうち三割が武器移転費として毎年消費されている。つまり、毎年一〇〇兆円に達する武器が売買されている世界に、私たちは日々の生活を送っていることになる。

セングハースの言う「軍拡の利益構造」に群がる武器製造業者や武器の売買で巨大な利益を得ている商社。武器移転は国境を容易に越えて地球上の隅々までを対象として行われている。

そうした世界の現状のなかで、一九四五年の敗戦後、日本は二度と戦争を起こさず、武器も持たない非武装国家として出発した。そして、失われた信頼を取り戻すため、民主主義と平和主義の実現に向けて尽力してきたはずだ。しかし、実際には敗戦後、暫くの時を経て、日本が自ら望んだものではないとしても、再び武器を使う組織を持つに至った。警察予備隊の創設である。当初は警察軍的な組織であったが、保安隊を挟んで自衛隊と改編されていくなかで、相応の武器を手にすることになる。その武器は当初アメリカから支給・貸与されたものであったが、やがて自国産の武器を製造する機会を手にする。

経済復興のなかで、武器を製造する軍需産業が活気づき始め、さらなる武器製造の量産化と、受注拡大のために武器市場を海外にも求めることになる。日本国憲法と戦争体験を踏まえ、多くの日本人は戦争の道具としての武器に強いアレルギーと反戦の意識を抱いてきた。それゆえ、武器生産にも武器の輸出入にも強い抵抗を示してきた。その意識や抵抗を周到に回避しながら、歴代の政権はアメリカからの外圧と国内軍需産業からの突き上げのなかで、武器輸出規制の政策を次第に緩和していく。政官財の相互連携、もっと言えば相互癒着の構造が出来上がるに従い、日本は世界でも上位のまずは武器輸入国となり、そして武器輸出大国への道を見据えるようになっている。

本書は、戦後から今日に至る武器輸出及び武器輸入を、総じて武器移転の用語で、敗戦直後の軍需工場の解体から今日の再生に至る軌跡を追うことを目的としている。限られた紙幅のなかで、全ての武器生産と武器移転をカバーすることは困難だが、特に武器輸出の禁止から規制、そして緩和に至る日本政府の対応を辿りながら、武器輸出統制策の側面から概観することを大きな目的としている。

武器生産や輸出、すなわち武器移転そのものが戦争・紛争の直接原因ではないかもしれない。しかし、アメリカを筆頭とする北大西洋条約機構（ＮＡＴＯ）諸国のウクライナへの軍事支援、さらには主にアメリカのイスラエルへの軍事支援が戦争終結を阻む一つの大きな要因となっている。武器は戦争を誘（いざな）い、いったん始まった戦争を長期化させる道具であり手段でもある。また戦争まで至らずとも、国家間関係の緊張の深化と継続の背景に武器の存在があることは論を待たないことだろう。

武器による巨大な利益構造と戦争という国家暴力の行使による支配と覇権。その常態化を検証する場合、武器移転の問題へのアプローチは益々不可欠になっている。本書は、その検証のための、ひとつの材料を提供するものである。これまでにも多くの著作や論文が公刊されており、本書もそれらの先行研究や既存資料を参考としながら、新資料の紹介も含め書き進めた。そこでは、武器に依存しない国際社会の創造こそ、日本国憲法が示す平和主義の実現への方途である、との確信を持ちつつ論述している。

なお、本書では書名を含め「武器」と「兵器」の用語を多用するが、この二つの用語を厳密な定義で使い分けていない。一般的に「武器」とは、相手を殺傷する目的で使われ、人力で運び得る比較的小さな装置を指す場合が多い。これに対して、「兵器」とは「武器」と異なり、形状も大きく、対象も広義の意味で使う場合が多い。原子力兵器・化学兵器・生物兵器など。従って、こうした定義に従えば、ミサイルや戦闘機などは「兵器」に該当するのが妥当である。だが、こうした装置も本書では「武器」として扱うケースがあることを予め了解頂きたい。この他に本書でも紹介するが、武器輸出担当部局である通産省（現在、経産省）の説明による「定義」もある。いずれにせよ、武器あるいは兵器の高度化や複雑化などの新たな要因で、新たな定義が何れ求められもしてこよう。

もう一つ、武器製造に係る産業を戦前は「軍需産業」、戦後は「防衛産業」と分けて使う場合が一般的にも多い。また軍艦を護衛艦、戦車を一時は特車やタンクと呼称した。国民の間に軍事アレルギーが強く残っていることを意識した改名であった。

それと同様に、「軍需」を「防衛」という、ある意味で穏健な用語への改名が定着している。そこには武器や兵器には「攻撃用」と「防衛用」とに峻別可能とする前提があった。純軍事的には、両者の区分は少なくとも相手側からすれば無きに等しいにも関わらずである。また、軍需とはイデオロギー的な用語ではなく、民需と区別する意味と、何よりもそこには戦争や紛争という国家暴力の道具としての危険性を指摘する意味を含む。

本書は、史料からの引用の場合に限り、「防衛産業」とし、それ以外は軍需産業とした。また、「防衛力」については、本来的には軍事力と称すべきだが、一般的には「防衛力」と称する場合が多いので、あくまで慣例として、そのまま「防衛力」と表記することにした。その点で少し混乱を強いるかも知れないが、合わせて御了解願たい。

戦後日本の武器移転史——1945〜2024◉目次

第一章

武器輸出規制強化と「佐藤三原則」 43

第二章

武器輸出をめぐる内圧と外圧 55

第三章 空洞化する武器輸出規制 81

第六章　二〇二〇年以降の武器輸出問題　167

終章

国際武器移転の実相 187

序章

再軍備の開始と軍需産業の復活

日本の敗戦後、侵略戦争を物理的に担った武器生産体制は、連合国軍最高司令部（ＧＨＱ）によって徹底して解体されることになった。それは軍国日本の解体と同義語として実行されたのである。

そのなかで、解体されるはずであった軍需産業が朝鮮戦争を契機に復活の機会を与えられ、アメリカの軍需産業を補完する形で武器生産と武器輸出に実績を積み上げていく。

本章では敗戦から一九六〇年代に至る間の時代を武器生産と武器輸出の萌芽期と位置づけ、その実際を追ってみる。

1　戦前期武器生産体制の解体と再編

解体される戦前の軍需産業

戦前期の軍需産業が、連合国軍によって解体を強いられた歴史を簡約することから始めたい。日本経済の戦後復興のなかで、敗戦直後からしばらくは、戦前期軍需産業の解体が連合国軍によって進められていった。日本敗戦後、軍工廠だけでなく民間の軍需企業もいったんは解体されたのである。だが、朝鮮戦争前後からの冷戦の時代にはアメリカからの要請もあり、武器生産の復活が着実に進められていく。冷戦時代の到来に呼応するかのように、アメリカからの武器輸入と併行して、日本の武器生産が開始されていく。

旧帝国陸海軍の軍需品を充当するため、戦前日本には軍工廠以外にも、数多（あまた）の民間の軍需企業が全国至るところで軍需工場を稼働させていた。日本への空襲が全国の中小都市をも空爆の対象とした理由の一つに、その地に大小含めた軍需工場や生産施設が存在していたことがある。軍需産業の存在こそ、戦争継続の鍵となることをアメリカはじめ連合国側は熟知していた。日本各地に点在した軍需工場は空襲の最大の対象であった。軍需工場群の破壊と日本国民の戦意を削ぐことが、空襲の主目的であったのである。

一九四五年八月一五日、ポツダム宣言の受諾により、事実上の日本敗戦が決定する。その一カ月余り経た一九四五年九月二二日、日本占領を担った連合国軍最高司令部（以下、ＧＨＱと略す）は、早くも日本の軍需産業の解体・転換指令を出す。

例えば、兵器、航空機の生産禁止令（ＧＨＱ指令第一号）、旧軍需企業に対する民需展開計画書の提出命令（ＧＨＱ指令第二号）等である。さらに、同年一〇月一五日には、参謀本部や陸海軍学校等の軍事機関の廃止などが立て続けに行われた。

それと併行して、敗戦後にも残っていた軍工廠のおよそ一〇〇工場（陸軍五〇、海軍四六及び陸軍研究所）、陸軍の八造兵廠（東京第一、東京第二、相模、名古屋、大阪、小倉、仁川、南満州）のうち、合計四六カ所の製造所を中心に、燃料本部、運輸部、被服廠、衛生材料廠、獣医資材廠、軍品廠、各種研究所などが解体された。一方の海軍も四工廠（横須賀、呉、佐世保、舞鶴）、工作部や火薬廠、一〇カ所の航空廠、六燃料廠（四日市、徳山、志免〔福岡市〕、横浜、平壌、高雄）、三技術省、二療品廠、技術研究所なども廃止される。

日本旧海軍の造艦工廠等賠償に指定された施設は連合国に引き渡され、横須賀工廠はアメリカ海軍の基地施設に転用された。それ以外の施設は、民間の造船所として整備されていくことになる。例えば、呉工廠は播磨造船呉船渠、佐世保工廠は佐世保船舶工業、舞鶴工廠は飯野産業舞鶴工場に等々である。

また、航空機製造会社は生産と研究が全面禁止となり、機体工場は乗合自動車、貨物自動車、電車のボディ生産工場へと、軍需から民需への転換が図られた。工作機械は六〇万台以上が賠償に充てられ、保有総数は一七万五〇〇〇台に減らされた。また、約五〇〇万トンの高炉、約三〇〇万トンの電気炉、約六〇〇万トンの平炉、六〇〇万トンの圧延機が撤去された。[*1]

その生産設備は賠償の形で中国、フィリピン、オランダ、イギリスなどの求償国に譲渡された。その結果として、一九四八年八月までに日本全国一七カ所の陸・海軍工廠から一万六七三六台の工作機械が現物賠償として譲渡されたのである。それと並行する形で、陸軍所管の兵器及び生産資材は、全て連合国軍に譲渡され、陸軍造兵廠の建物及び種々の生産設備は固定資産として一三億円と評価されていたが、すべて連合国軍側に引き渡された。海軍の艦艇及び兵器及び生産設備も同様に破壊された。これらのうち一部は賠償に充てられ、また一部は平和産業に転換する。

以上は国家直営の軍工廠の解体・破壊の実例だが、軍需産業を大きく支えてきた民間の軍需施設は、一九四六年一一月の賠償最終報告（通称、ポーレー案）により根こそぎ解体されていった。ところが、ポーレー案が示された翌年の一九四七年三月、顕在化してきた米ソ冷戦の動きのなかで、トルーマン・ドクトリンが発表される。そこで、日本の戦前期軍需産業解体方針が修正されることになったのである。

この間、片山哲内閣時には、一九四七年一二月一八日、「過度経済力集中排除法」（法律第二〇七号）を制定し、その結果、一九四九年六月には戦前期日本軍需産業のトップ会社であった三菱重工業を東日本重工業（後に三菱日本重工業）、中日本重工業（後に新三菱重工業）、西日本重工業（後に三菱造船）に分割再編するとした。戦前期軍需産業の解体は、GHQ主導による日本の「民主化」政策の一環であったが、先のトルーマン・ドクトリン以後、この動きにブレーキが掛けられる。

武器生産の開始

武器生産再開の契機となったのは、周知の通り一九五〇年六月に始まった朝鮮戦争であった。日本は米軍補給基地の役割を担う。それが戦後の軍需産業の開始であった。そこでは土嚢(どのう)用麻袋、軍服、セメント、有刺鉄線、燃料タンクのような比較的に低廉な技術でも生産可能なものから、航空機修理、爆弾製造、戦車や装甲車の修理など多義にわたる軍需産業が一気に活気を帯びることになる。アメリカ政府による域外調達、いわゆる「特需」により、政府予算が一兆円前後時代に三年間で一〇億ドル(三六〇〇億円)の額に上り、これにアメリカ兵による日本国内消費(いわゆる「間接特需」)を加算するとおよそ三〇億ドル(約一兆円)に達したとされる。

武器の製造も輸出入も禁止されていた日本は、創設された警察予備隊に配備する武器をアメリカからの軍事支援という形で、事実上の武器輸入が開始された。それは表向き武器貸与と表現される。一九五〇年七月八日、GHQ最高司令官ダグラス・マッカーサーが発した書簡により、七万五〇〇〇名の警察予備隊創設と八〇〇〇名からの海上保安庁の増員が指令された。

警察予備隊に続いて、一九五二年に創設された海上警備隊に護衛艦(PF:Patrol Frigate)や、上陸用支援艇(LSSL:Landing Ship Support Large)が無償提供されたのを皮切りに、同年一一月には「日米船舶貸与協定」、一九五四年五月には「日米艦艇貸与協定」がそれぞれ署名され、前者においてはPF一八隻、LSSL五〇隻、後者によって駆逐艦などや大型艦艇一四隻が無償貸与された。そして、一九五二年四月二八日にはサンフランシスコ講和条約と旧日米安保条約が発効し、日米間で所謂(いわゆる)「武器の道」が創られたのである。

アメリカ上院は一九四八年六月、「バンデンバーグ決議」で「米国は自国の安全に影響を及ぼす地域的・集団的防衛協定に参加する。その協定は〈継続的・効果的な自助と相互援助〉の原則に基づくこと」と宣言し、従来の孤立主義と決別、五一年には、相互安全保障法(Mutual Security Act)を制定する。同法は自由主義諸国の軍事、経済、技術援助を目的とするもので、ヨーロッパ諸国の戦後復興援助のために各国と締結された。このマーシャル・プランの拡大版として日本とは一九五四年に、「日本国とアメリカ合衆国との間の相互防衛援助協定(以下、MSA協定:Mutual Security Act)を結んだ。

MSA法の目的は、「自由世界の相互安全保障と個別的かつ集団的自衛を強化し」、「友好の安全と独立のため、米国の国家的利益のため、友好国の資源を開発すること」に置かれた。それは日米安保条約に基づき日本が軍事的義務履行の決意を確認し、一方で米側は、日本が「自国の防衛力及び自由世界の防衛力の発展及び維持に寄与」(MSA法第八条)するとの文面で確認された。[*2] さらに、無償軍事援助の開始に続いて「防衛秘密保護法」が制定(一九五四年)され、探知・収集・漏洩者に懲役一〇年以下の罰則が設けられた。

こうして、「日本の防衛産業への経済的支援は、一九五四年に締結されたMSA協定のもとアメリカに委ねられることになり、一九五四年から六七年の間に日本は、五七六〇億円にのぼる軍事援助を受け取った。この額は同期間の装備品購入総額の二七%を占め、この値は一九五七年までに限ると五八％に達した」[*3]とする指摘があるように、ＭＳＡ協定により、少なくとも冷戦期日本の軍需産業はアメリカの意向と要請を基盤にして展開されたのである。

再軍備案の登場と帰結

敗戦後における連合国軍の占領政策の中心に、旧陸海軍や財閥解体に連動する軍需産業の解体があったことは既述の通りである。それゆえ、武器生産の再開には、同時に旧陸海軍や財閥の復活が条件となった。それゆえ再軍備問題が浮上し、反共防波堤国家としての日本が安定した政治経済を取り戻すことは、特にアメリカから強く要請されるところとなっていく。

その動きを先読みしながら、朝鮮戦争の勃発以前から、当初民間ベースで再軍備案が提示され、一九五三年三月には、経団連・経済協力懇談会防衛生産委員会による「防衛力整備に関する一試案」や国民経済研究協会の「日本再軍備の経済的研究」等に加え、保安庁案・経済審議会案・大蔵省案の三案が具体的な再軍備案として提案された。

より具体的に言えば、日本の経済力規模とＭＳＡによる軍事援助とを勘案した、より合理的かつ現実的な数値の設定が必要となったからである。問題はその設定数値を担保する日本の経済であった。いずれの再軍備案が想定されたとしても、その財源確保と復興途上にあった日本経済への負担の度合いである。

以上政府が提出した三案は、「毎年の防衛費を、毎年の国民所得の自然増収の枠内で賄い、その不足分は米国の援助に期待し、国民生活を切下げないことを目途として、作成されたと言われている」[*4]との指摘がある。

特に政府提出の三案は、いつも日本側防衛費とMSA軍事援助資金とがほぼ同額となっており、日本の再軍備費は日米でほぼ折半する格好となっていた。同時に、軍事費の総額が対国民所得比率でも、一九五四年から一九五八年の五年間の幅で見ると、二%台から最大値五・五%に抑えられていた。[*5]それでMSA協定によって当面はアメリカの軍事援助が実施されるとしても、いったん再軍備に踏み切れば軍事技術の発展に対応する設備投資が不可欠となり、防衛費の伸びは不可避となる。戦後間もなく復興過程にある日本経済への負担は必至であった。

そのため警察予備隊から保安隊、さらには自衛隊の装備を充当するために、勢いアメリカへの依存を常態化させることが予測された。まさしく、「日本の防衛軍は米国兵器の『新陳代謝』の場となって、その意味では自主性の喪失となろう」[*6]（傍点は引用者）とした経済部金融課の判断は的を射たものであったのである。

ここに早期に日本の再軍備を進め、それを支える武器生産体制の充実のためには、戦後日本経済のアメリカ依存が不可欠となる構造が成立する。そこから日本は再軍備を進める以上、一層のアメリカ依存の方向に進まざるを得ず、それゆえ最初から自主性の放棄がある意味で前提となると予想された。

つまり再軍備が自主独立の物理的基盤となるのではなく、むしろアメリカへの従属性を深める転機となったのである。こうして警察予備隊から保安隊を挟み、自衛隊創設過程で従属性を顕在化させる。その一方では、そうした構造を甘受してでも武器生産と武器輸出による利益確保が求められる現状があった。

ＭＳＡ協定をめぐる対立

日本の軍需生産においてＭＳＡ協定の位置は頗る大きく、日本の兵器生産及び自立と同盟の実際を算定する場合、これをいかに評価するかが不可欠な課題となる。ＭＳＡの内容は対ヨーロッパ支援からソ連及び中国への牽制と抑止の軍事戦略重視の観点から、アジア諸国援助へと方向転換していく。

その結果、日本国内ではアメリカのアジア重視戦略に便乗し、軍需生産と防衛力増強の方途を見出そうとする勢力と、ソ連及び中国との関係改善のなかで、特に中国との貿易関係の充実による経済発展の道を選択すべきだとする勢力との間で激しい論争が展開されることになる。*7

ＭＳＡの解釈をめぐる吉田茂内閣と日本社会党などとの激しい論戦は、冷戦期の日本が置かれた安全保障問題の複雑さがあった。アメリカは日本に対し、防衛力の充実に限定しての再軍備を要請していた。つまり、他国との戦争を前提にした装備の確保には、あくまで否定的だったのである。それゆえに、吉田首相自身は、アメリカの意向及び要請を受け止めつつも、可能な限り防衛力強化を最低限に抑え、経済発展を優先する方針を貫こうとした。しかし、ＭＳＡ協定を梃子に日本の軍需産業を起動させたいと意欲を示す、軍需産業界などの期待感も入り混じって、政策論争は迷走する。

MSA協定について政府委員植木庚子郎（大蔵政務次官）は、「MSA援助が日本の経済に対しましていい影響を与える点と考えられます事は、第一には、我が国の防衛計画の実施に必要な国費の負担がそれだけ少くて済むのではないかという点が第一点に考えられると思います。第二には、経済的措置に関する協力によりまして、我が国の工業その他の経済力の増強に資するために必要な一〇〇〇万ドルの贈与が得られるという点が挙げられると思います」[*8]と肯定的な姿勢を披歴する。

植木の発言は、吉田内閣のMSAがアメリカからの援助による日本の防衛費負担の軽減、日本経済の発展、小麦輸入の円貨購入、外資導入に利便性が発揮されることなど、日本にとってメリットの大きな協定であると主張する政府の見解を集約したものであった。しかし、MSA協定による援助は軍事援助と経済技術援助からなり、「一九五四年度米会計年度予算では、おおよそ軍事援助七〇％、防衛支持援助（軍需産業に対する経済援助）、技術援助その他一〇％となっていた」[*9]との指摘があるように、それは軍事援助そのものであったと言っていい。[*10]

日本社会党を筆頭に野党は、MSA協定が米国との従属的な関係を固定化し、再軍備を必然化させ、それに付随して軍需産業が肥大化する恐れがあるとして吉田内閣への批判を強めていく。とりわけ、日本社会党を支援する労働組合の日本労働組合総評議会（一九五〇年結成）は、MSA協定が日本の軍事化に拍車をかけるものとし、協定締結反対運動を各地で展開した。こうした動きに吉田茂首相は、「MSA問題についても、これは決してアメリカの圧迫によってこのMSAを承諾したのではなくて、アメリカの要請もあり希望もあるが、同時に日本としても要請もあり希望もあり、話合の結果できたのであつて、米国政府の指揮命令によってできたものでないことは、外務大臣においてもこれまで十分説明したろうと考えます」[*11]と否定に躍起であった。

MSA協定をめぐっては、アメリカと日本との認識の乖離は極めて大きかった。アメリカはこの協定で日本が率先して防衛力の拡充に尽力し、東アジアにおけるアメリカの対中国・対ソ連に対抗する軍事戦略上の枢要な国家として、その役割を担うことを期待したのである。

従って吉田内閣が防衛力拡充に本腰を入れないとみるや、一九五三年八月、アメリカのダレス長官ら高官を日本に派遣し、防衛力拡充を迫った。実際にダレス長官らは、「日本の防衛努力に不満を述べ、MSA交渉が進むにつれて、交渉の実質的な核心が米国の軍事援助に見合うべき日本の防衛増強計画にあることが、ますます明らかとなった」[*12]のである。

そうした事態を踏まえ、吉田首相や吉田内閣の閣僚たちの説明に最も鋭く切り込んだのは、日本社会党の木村禧八郎（きむらきはちろう）参議院議員であった。木村議員は、「日本経済の自立に関して、特需にいつまでも依存しておつては日本経済の真の自立はできない」[*13]と主張した。特に木村はMSA協定がアメリカへの従属関係を容認する結果となり、再軍備が進行していけば軍需産業への政府の過剰投資にも繋がり、日本経済の自立にブレーキがかかるとする認識を示す。

MSA協定と日本の軍需産業

これと同様にMSA協定に絡め、日本の軍需産業の再興プロセスにおいて、経済復興を企画しているのではないかとする疑問に関連して、日本社会党の相馬助治参議院議員は、「従来のような受注品目でなくて、重兵器であるとか、航空機であるとか、艦艇であるとか、こういうふうなものがどのような形において将来助成されて、これら工業を進ませようと政府自身は意図しておるのか」[*14]とする疑問を呈する。

これに対して、大蔵大臣の小笠原三九郎は、「例えば、防衛産業に向せるにいたしましても、日本にいわゆる保安隊等がありますから、これらの武器、その使っております武器その他はもちろん全部向うからもらっておる、或いは借受けるようには参りかねることと思われるのでありまして、例えば現在のものを作るといたしましても、保安隊その他に要するものが相当あろうと見受けられるのであります」[*15]と答弁している。

野党は、MSA協定に規定された経済の自立が、軍需産業への過剰投資を結果することになる可能性を指摘する。これに対し政府は保安隊の装備品を担保する軍需産業の充実に限定すれば、他の民需産業への圧迫を回避できると言う。

ここに吉田内閣と野党との間にMSA協定に絡め、経済の自立と軍需産業の充実という二つの政策の矛盾点が争点化する。政府は、経済の自立を目的として特需依存から脱却する方向で舵切りしても、MSA協定がある限り自立経済の質も軍需産業の方向性も、結局のところアメリカの意向の下で進めるしかないとした。一方、野党は自立経済に帰結する可能性は乏しいというのが一致した見解である。要するに、アメリカによる軍事支援と日本の自立経済との調整が構造的に困難であることを、吉田内閣も野党も根底では同様な認識を抱いていたことが分かる。

2　武器輸出の本格化

戦後武器輸出促進の理由

この矛盾を解決する方法として案出されたのが武器輸出という課題である。この点について、野党側から木村禧八郎は、以下の注目すべき発言をする。なお、木村発言では広い概念として「兵器」としているが、ここではそれを狭義の意味での「武器」として論を進める。

すなわち、「今後日本の防衛生産に関連して、日本の保安隊に供給する兵器の生産を育成すると言われましたが、日本の今の実情では、兵器生産の育成をして行く場合に、企業単位としては日本の保安隊の需要を対象としただけでは成立たないのです。どうしてもいわゆる域外貸付、兵器の輸出というものを前提としなければ企業単位としては成立ちません。そうすると、どうしても特需依存の経済というものを続けて行かざるを得ないのです。そこで兵器生産の育成をして行くということは、即特需依存になる。日本経済の自立というものと矛盾するのですよ」と。*16

木村議員は、経済の自立と軍需産業の拡充との矛盾した関係に着目し、軍需産業が独自に発展していくには、武器生産の受注対象を保安庁以外の海外に求める武器輸出の方法をとらざるを得ないと言う。軍需産業が持続可能な産業として成立するために、国内市場では不十分であり、海外に販路を求めるしかなく、それは特需依存の経済となり、経済の自立と矛盾し、暗に戦後平和憲法と矛盾するのではと指摘したのである。

軍需産業の持続可能性を担保するために武器輸出を志向する実態は、戦前日本の軍需産業界にも同様な事例がある。[*17] もちろん軍需産業に限らず、国内だけでなく国外・海外に市場・販路を志向するのは、産業の拡充には不可避であるが、戦後日本の軍需産業の復興期においても、同様の課題が国会の場で活発に議論されていたのである。その意味では、今日まで続く日本の武器輸出の背景として、MSA協定を中心とするアメリカとの関係強化、軍需産業の持続性の確保など複雑な背景があったことも留意しておきたい。

さらに、木村議員は吉田首相と愛知揆一（あいちきいち）参議院議員の政府側答弁を不服とし、続けて以下の発言を行っている。すなわち、「若し兵器産業のほうに融資するとすれば、これは経団連でもはっきり言っておりますが、日本でこれから兵器産業を育成して行く場合、日本の自衛隊のみの需要では工業単位が大き過ぎて、とてもそういう兵器産業を興すことは困難である。結局経済単位が大きくなれば採算が合いませんから、結局しまいには台湾と朝鮮とかその他東南アジア方面に対する兵器の輸出というものを前提にする。そうしていわゆる太平洋同盟機構ですか、いわゆるPATOに入って行くということになって行くと思う[*18]」と。PATOとは、太平洋同盟機構を指す。

木村議員を含め野党議員の政府批判の理由として、経済の自立を阻害する軍需産業の位置づけから、軍需産業の持続可能性を担保するためには、軍需産業の販路を海外に求めるしかないとするものであった。そうなると木村議員の言う太平洋同盟機構に参加することにもなり、戦後日本が目標とする平和主義を棄損し、アメリカ中心の集団的自衛体制への参画を余儀なくされる可能性を指摘することであった。

保安隊を挟んで自衛隊創設の前後から俄然日本の軍需産業の在り方をめぐり、国会の場を中心に活発な論戦が展開されていく。この論戦で浮き彫りとなったことは、アメリカの軍事支援を担保するMSA協定への向き合い方を通して、自衛隊創設による日本の再軍備方針が確定され、同時に自衛隊装備を巡り日本の軍需産業の拡充方針が検討されたことである。

軍需産業の持続可能性を担保するため、アメリカからの軍事支援に依存するだけでなく、武器輸出を視野に入れた軍需産業の拡充を条件としつつ、アメリカを中心とする集団的自衛体制への参入が不可避とする見解である。軽軍備構想により日本経済の自立的発展を希求する吉田内閣は、軍需産業に一定程度の歯止めをかけることにより、国内外からの日本の軍事大国化への批判を回避する政策を推し進めようと奔走する。

防衛生産委員会の発足

次に、国会論戦が激しく展開される一方で、武器生産や武器輸出による日本の再建を希求する経団連の日米経済提携懇談会（一九五一年一月九日発足）の防衛生産委員会を中心とする防衛産業当事者の動きを追っておきたい。

一九五二年八月一三日、日米経済関係の円滑化を目的として設置されていた日米経済提携懇談会は、経済政策の全体を扱う総合政策委員会、経済復興計画を検討実施するアジア復興開発委員会、そして再軍備や武器生産と輸入（武器移転問題）を扱う防衛生産委員会の三委員会に分立する。当面は米国の経済的・軍事的支援を受けつつ、防衛生産委員会の活動に注力することになった。

防衛生産委員会は、米軍特需を中心とする武器生産活動の準備、MSA協定締結問題への日本財界の対応、自衛隊装備拡充政策に絡む防衛生産態勢の構築など、順を追って活動を開始する。設立当初には、「国有軍需工業等諸施設の活用に関する緊急要望意見」（一九五二年一〇月二八日）、「航空機、武器製造設備の耐用年数に関する要望意見」（同年一二月二七日、三月五日、三月二七日）、「特需兵器の運転資金確保に関する要望意見」（一九五三年一〇月六日）を相次ぎ公表していく。これによって、戦後日本の武器生産の方向性が示されたのである。

この時までに経団連は、第八回総会決議として「国際社会復帰に際してのわれわれの覚悟」と題する文書を作成しており、そこには日米経済の提携と統合を図り、アメリカが極東アジアの安全保障に日本の工業力を活用し、日本経済の早期自立を図る努力を理解すること等が記されていた。[*19] 要するに、日本が極東アジアの安全保障に貢献するためにも、再軍備と軍需産業の復興は喫緊の課題であると位置づけてみせたのである。

それでは、アメリカはMSA協定をどのように位置づけていたのだろうか。それを示すには、同協定に重要な役割を担ったダレス米国務長官の次の発言が参考となる。一九五三年五月六日のアメリカ下院外交委員会での発言である。

すなわち、「日本の将来はアメリカの将来と密接に結びついている。日本は確実な同盟国であるが、その経済情勢は極めて不安定である。日本はアジアの穀倉たる東南アジアとの貿易を発展させたいと希望しているし、また、日本は東南アジアの石油、鉄鉱石、その他の原料を必要としている。従って、もし東南アジアが、共産主義者の支配下に陥るならば、日本の将来は極めて不安定なものとなろう」[*20]とする内容であった。

ＭＳＡは共産主義の東南アジア方面への浸透を食い止めるため、日本への経済・軍事にわたる支援によって、アメリカの反共防波堤構築の一環として位置付けられていたのである。このことは特段目新しいことではない。しかし、吉田政権はこのうち経済援助を引き出す手段としてＭＳＡを解釈しようと躍起であった。それゆえに、アメリカの軍事戦略への共感をことさら示すことはなかったのである。経済復興を最優先し、軽軍備政策を採ろうとしていた吉田首相の姿勢は明らかであった。

それもあって防衛生産委員会は、ＭＳＡが日本の再軍備を期待しているとする解釈を前面に押し出していたのである。その点で防衛生産委員会と吉田内閣との関係は、微妙なズレを当初から持っていたと言えよう。防衛生産委員会は、日本政府の意向とは別に武器生産の道を切り開き、財界の動きをも反映させるため活発な行動に出る。ＭＳＡを媒介にして、武器生産に必要な資金を引き出すことに注力していく。そこでの主張は、一九五三年七月六日付で経団連協力懇談会の名前で作成した「ＭＳＡ受入に関する一般的要望書意見（案）」に要約されており、その一部を以下に引用しておく。

自由世界の一員としての日本が、真にその実績を備えるには、政治的ならびに経済的諸条件の許容する範囲において、自主的に自衛力漸増に関する必要な措置を講じ、併せてその工業力等を通じ自由世界の防衛力強化に充分の貢献をいたすことを考慮する必要があると考える。もしＭＳＡ援助の適用が、日本の現状に基礎を置き、且つその援助を通じて右の基本的課題の実現促進に寄与し得るものであるならば、われわれは、その受入れに対して最早躊躇すべきでないと信じる。[*21]

ここからはＭＳＡの解釈をめぐる政府と野党間の乖離が極めて大きかったことが知れる。吉田首相はじめ、政府関係者はＭＳＡを経済復興の主眼にして利用しようとの思惑を隠そうとせず、防衛生産委員会などは、日本の再軍備を中核とする日本再建を画策するのである。この防衛生産委員会の見解が、結局は対米自立と依存の折衷的な議論をリードしていく。自立と依存は、日米関係が深まるに従って共存と同盟という用語に置き換えられていくのである。

防衛力整備案

その後の防衛生産委員会は、東南アジア方面を射程に据えた武器輸出を強く志向するようになった。当該期、防衛力整備計画案が財界の意向を体現する格好で提出されていく。特に防衛生産委員会が提出した「防衛力整備に関する一試案」（以下、経団連試案）は、当時の経済界が再軍備と軍需産業を表裏一体のものとして捉えていたことを数字的に証明するものであった。

経団連試案は、一九五三年から一九五八年までの整備計画後の防衛力として陸上一五個師団（三〇万人）、海上二九・二万トン（七万人）、航空三七五〇機（一三万人）となっており、六年間の防衛費総計二兆八九四三億円のうち、日本支弁分が一兆六二五二億円、アメリカ依存分一兆二六九一億円であった。[*22]

一方、国民経済研究協会作成の「日本再軍備の経済的研究」では、同様六年間の計画後の防衛力について、陸上七師団（一七万五〇〇〇人）、海上二二万トン（三万五〇〇〇万人）、航空一一〇〇機（二万八〇〇〇人）とし、国防費総計二兆二六五三億円（所要額二兆五二三億円、防衛分担金二一三〇億円）、国防費支出限度一兆四〇五九億円、不足額＝アメリカ援助期待額八五八四億円となっていた。[*23]

この他にも現時点で再軍備案として保安庁案、経審（経済審議庁。前身は経済安定本部）案、大蔵案などが提出されていたことが判明しているが、日本の再軍備から防衛力整備計画は、以上二つの案をベースにして構築されていく。確かにこの二案について陸海軍の規模に差異は認められるが、六年間の総経費には際立った違いはない。問題は以上の二案が米国からの軍事支援を総経費の半分前後を依存していたことである。それはアメリカの日本の防衛力整備への期待とＭＳＡ協定の存在が決定的理由であったと同時に、日本の防衛生産委員会を筆頭とする軍需産業拡充への期待が日本の経済復興過程のなかで、極めて重要な産業と位置付けられていたからである。

その意味で言えば、経済的自立を志向したがゆえに、アメリカの軍事支援への期待が強まったと言える。つまり、経済的自立と軍事支援が表裏一体のものとして浮上していたということである。自立と従属がワンセットとなって再軍備がスタートし、その後の防衛力整備計画も進展していったと言える。自立と従属の間に生じる違和感は、様々な反発という形で表れはしたが、アメリカによる軍事支援は、東アジア軍事戦略の展開と連動したものであった。同時に日本の経済界が、軍事支援を呼び込むことによって、経済的自立への道を積極的に推進しようとしたとも言える。[*24]

このように防衛生産委員会を中心に軍需産業界は復活を強く志向する。その結果として経済復興は達成可能だとしても、同時に日本の外交防衛がアメリカへの依存を強めていき、自主国防論の手法が次第に色褪せていく実態とも向き合わなければならなくなっていく。この問題は、実は今日における日米関係と、日本の外交防衛政策がアメリカとの関係性に強く規定されていく実態の前触れとなったのである。

経済の自立を掲げつつも、軍事支援を受容していく二律背反する政策は、吉田政権以後において日本の保守政治・保守体制の基本原理となっていく。それが日本防衛政策の曖昧さを示す理由ともなった。

MSA協定締結による経済の自立の限界や軍需産業の拡充への批判は、言論の場でも活発に展開される。例えば、宇佐美誠次郎法政大学教授は、「MSA援助は耐乏生活を要求する」と題する論文のなかで、「MSAは軍事援助である。MSAの持つ経済的側面を強調し、MSAが特需に代わるドル収入であるとか、これを拒否すれば日本経済は破滅するとかといって、国民に宣伝したりおどかしたりしていた経団連や政府のいうことと違って、MSAが軍事援助一本槍であることは、交渉の過程において明確になったところである。すなわち、MSAは、日本の防衛力（軍備）を強化すれば、それに応じてアメリカが、兵器や軍事顧問を送ってやるという援助なのである[*25]」と断言する。

また国会の場でこの宇佐美の見解と同様に軍事援助としてのMSA協定により、日本経済を圧迫し、経済の自立の可能性を削ぐものとする批判を展開していた木村禧八郎（きむらきはちろう）は、雑誌『中央公論』の「『防衛生産』問題特集」に「防衛生産の進行による日本の変貌」と題する論文を寄稿し、「わが国の〝防衛生産〟は国連協力による集団安全保障という名目と日米安全保障条約とに基づいて、米国の対ソ戦略の一翼として、(イ)米国極東軍に対する軍需品の供給、その兵器の定期修理、(ロ)日本自身の再軍備、(ハ)アジア諸国を米国の対ソ巻返し政策に動員するために必要な兵器の供給という、いわゆる《アジアの兵器廠》としての役割を課せられており、したがって、この役割は必然的に米国の対ソ作戦に従属せざるをえない」[*26]と指摘する。

ＭＳＡ協定が再軍備と軍需産業に拍車をかけ、同時に日本がアメリカの対ソ連軍事戦略のなかに確実に取り込まれていく可能性を明確に指摘したのである。朝鮮戦争を通じて、日本が既に〈アメリカの兵器廠〉となったことは実証済であったが、朝鮮戦争後においては、アメリカの対ソ戦略を支える兵器廠として射程に据えられていた現実があった。

因みに、同時期日本の武器輸出事例として、一九五三年にタイ向けに戦車砲弾五万発が認められた。それは外国為替及び外国貿易管理法（現在の外為法）及び輸出貿易管理令に基づくものとされた。

アメリカの意向

アメリカの意向を一早く察知した日本の軍需産業界は、軍需生産への関心を一段と強めていた。

特に三菱の郷古潔（ごうこきよし）、昭和電工の石川一郎（いしかわいちろう）が中心となって軍需産業界が統一して行動することとし、貿易商社の特需商社懇談会、メーカーの兵器生産懇談会が政府の経済審議庁（前身は経済安定本部、後の経済企画庁）や、アメリカの在日米軍調達本部（U.S. Army Procurement Agency in Japan：JPA）との間に緊密な連携関係を構築していた。これら二つの懇談会等の役割は、「彼らの目下の最重要関心事は政府に再軍備進捗の決意をつけさしめ、自己の兵器生産の見透しを立てることである」[27]とされた。

その一例として一九四七年一〇月、軍需生産と武器輸出に積極的であった河合良成（かわいよしなり）が社長に就任してからの小松製作所は、一九五二年六月、JPAの第一回兵器特需に応札し、大量の砲弾を受注（以後数次で通計一六〇億円）し、一九五二年一〇月、陸軍造兵廠枚方（ひらかた）製造所の払下げを内定した。これを大阪工場として開設すると、さらに一九五三年九月には旧陸軍枚方造兵廠甲斐田（かいだ）地区の払下げを次々に受け取り、一九五三年一〇月、〔旧陸軍〕造兵廠中宮両地区の払下げと続いた。こうした歩みのなかで、小松製作所は確実に軍需企業化していった典型的な企業であった。

こうした動きは他の重工業関係企業でも同様であり、文字通り日本が〈アジアの兵器廠〉として、日本工業全体のリーディングセクターであるとの自負心を高めていったのである。[28]しかし、その軍需産業が日本の産業全体に占める割合を数字で示すと決して大きなものではなかった。例えば、「日本の防衛産業は経済的にみると相対的重要性は低かった。朝鮮戦争終結後、防衛装備品の生産が工業製品生産高に占める割合は、一九五四年に一・二％だったものが一九五五年には一・〇％に、そして一九六五年には、〇・五％へと低下した。そしてそれ以降は、おおむねその水準で推移している」[29]との指摘がある。こうした経団連案への批判的な議論も決して少なくなかった。

武器輸出市場の開拓

それまで軍需産業は朝鮮戦争に対応する戦時消耗補填であり、朝鮮戦争休戦以後、一九五五年に至り消耗品である弾薬発注の停止が現実となった段階で、防衛生産委員会は弾薬をはじめ、武器輸出先の洗い出し作業に入った。[30]当該期、国際紛争の争点地として浮上していた東南アジア諸国へのアメリカの軍事支援が急速に増大するなかで、防衛生産委員会も同地域への武器輸出の可能性を探るために詳細な調査に乗り出していた。そこでは、施設機材、軍用車両、タンク等五四品目、兵器重要五四品目、通信機器六三品目、弾薬類四一品目、航空機二機種、その他五品目、計二一九品目が調査対象となったとされた。[31]

さらに一九五六年三月には、経済団体連合会も南ベトナム、カンボジア、タイ、ビルマ、パキスタンに向けて経済親善民間使節団を派遣した。そこでは、主に同諸国への経済開発協力が中心的な課題とされた。南ベトナム海軍工廠への技術援助なども含め、広義の軍事支援も予定された。[32]しかし、一九五八年春に技術者派遣が実現するまで、時間を要することになった。その後、武器輸出は政治的問題や軍需生産態勢の未整備などの課題もあり、当初期待した輸出実績を果たすことはできなかった。具体的には、一九五九年六月現在の武器輸出実績総計は一六七四万ドルであり、このうち四九一万ドルが賠償支払いであった。[33]

防衛生産委員会の意気ごみとは裏腹に、期待に反した実績しか上げられなかったことから、一九六二年七月一二日、同委で「兵器輸出に関する意見書」が作成された。そこでは輸出の伸び悩みの原因を指摘すると同時に、そうした課題克服のためにも、今後一層武器輸出の増大を図るべきだとの結論を展開していた。防衛生産委員会としては、可能な限り武器輸出の方途を探り出そうと懸命であったのである。

ここで朝鮮戦争終結の年である一九五三年から一九六八年までの日本の武器輸出の記録を引用しておきたい[*34]【表1参照】。

品目で明らかなようにアメリカ向け以外の東南アジア諸国への輸出品は、小火器や弾薬類が大半を占めており、これは朝鮮特需に対応する大量生産品によって積み残された生産過剰品の類であった。そのために武器輸出とは言え、一種の在庫一掃による小火器・弾薬メーカーの救済策としての意味が強かった。実際、この時期において一九五三年末の段階で一六〇社を超えた関連企業は、一九五四年には三一社に減少した[*35]。

当該期における武器輸出状況は短期的かつ過渡的な実態を伴ったものであり、こうした小火器・弾薬を中心とした武器輸出の可能性の限界を観てとった軍需産業界は、長期的展望に立った武器生産と武器輸出の方途を検討しはじめる。これに関連して、吉原公一郎は『日本の兵器産業』のなかで、「特需兵器産業の淘汰系列化を進めつつ、一方、旧財閥系資本を中心とするグループは、兵器の長期的な需要の拡大をはかるため、着実にその手段を講じはじめた[*36]」と指摘する。

三菱を筆頭とする旧財閥系資本を中心に朝鮮戦争終結以後、アメリカとの関係性に配慮しつつも、

表1　日本の武器輸出（1953～1968）

年度	仕向国	品　目	数　量	金額ドル
1953	タイ	37ミリ榴弾	35,000	（合計）
	タイ	徹甲弾	15,000	401,150
1954	ビルマ	6.5ミリ銃弾	50,000	4,600
1955	台湾	7.5ミリ銃弾	100,000	214,000
	ビルマ	6.5ミリ銃弾	1,500	460
1956	ビルマ	6.5ミリ銃弾	899,000	84,150
1957	ビルマ	6.5ミリ銃弾	100,000	8,570
	台湾	91式魚雷	20	500,000
	ブラジル	9ミリピストル	1	45
	南ベトナム	銃弾	24,000	6,480
	南ベトナム	銃弾プラント	1式	950,000
1958	南ベトナム	銃弾	24,000	72,00
1959	インドネシア	射撃管制装置	1セット	83,000
1960	インドネシア	機銃部品		36,200
	インド	訓練用機雷	2	12,975
1961	インドネシア	機銃部品		125,100
1962	アメリカ	ピストル	約800	9,300
1963	アメリカ（他）	ピストル	約3,000	37,500
	インドネシア	機銃部品		24,000
1964	アメリカ（他）	ピストル	約5,000	66,000
1965	タイ	猟銃	5,000	540,000
	タイ	猟銃	2,500,000	230,000
	アメリカ（他）	ピストル	約7,000	97,000
1966	タイ	猟銃	5,000	540,000
	アメリカ（他）	ピストル	約8,000	132,000
1967	アメリカ（他）	ピストル	約12,000	-
1968	アメリカ（他）	ピストル	約15,000	-
	フィリピン	銃弾プラント（賠償）		6,000,000

防衛生産委員会を中心に独自の武器生産と武器輸出に乗り出す。その一つの契機となったのが、アメリカの対日戦略の大転換に伴う日本の再軍備であった。

再軍備との連携

日本の再軍備以後、とりわけ一九五四年七月一日に創設された自衛隊以後、武器生産が本格化する。同時に、その装備の国産化が重要な課題とされるようになった。一九五八年から開始された第一次防衛力整備計画以後、計画に従って装備の国産化が進められた結果、その象徴事例としてアメリカのノース・アメリカン社製Ｆ86セイバージェット機が国産化される。同機は、一九五五年から一九六一年までに三〇〇機（総額三〇四億円）が生産された。

また、その後継機であるロッキードＦ104Ｊスターファイターが、一九六〇年から一九六七年までに二三〇機（総額四八三億円）、さらにその後継機であるマグダネルダグラス社製のＦ４Ｅファントムが一九七八年までに一〇四機生産された。この他にも国産により開発生産した主要な武器は、【表２】の通りである。[*37]

これ以外にも銃弾類や火薬類など細部にわたっており、防衛産業の裾野の拡がりが顕在化する時期である。またこれらの武器生産を担った軍需産業関連企業も主だったものが登場しており、戦後における武器生産体制の原型を見てとることができる。

一九六〇年代前後から一九七〇年代半ばにかけて武器生産の基礎部分が形成される一方で、

表２　日本の武器生産（1955～1969）

項　　目	研究開発期間	主契約会社	経費／億
ジェット中間練習機（T-1）	1955-62	富士重工業	約 17
ジェットエンジン（J-3）	1955-62	日本ジェットエンジン	約 9.2
対潜哨戒機（P-2J）	1965-67	石川島播磨重工業	約 6.4
対潜飛行機（PS-1）	1960-69	川崎重工業	約 75
中型輸送機（C-1）	1966-72	新明和工業	約 74
超高速口頭練習機（T-2）	1972-73	日本航空機製造	約 60
64 式対戦車誘導弾（ATM）	1956-63	三菱重工業	約 5.6
69 式空対空誘導弾（AAM-1）	1956-67	川崎重工業	約 17
64 式 7.62 ミリ小銃	1962-64	三菱重工業	約 10.2
63 式 70 ミリ FFAR 訓練弾	1959-73	豊和工業	約 3.7
68 式 30 型ロケット榴弾	1959-67	日産自動車	約 5.6
75 式自走 155 ミリ榴弾砲（仮称）	1967-73	日産自動車	約 10
75 式自走多連装ロケット弾発射機	1969-73	三菱重工業、日本製鋼所	約 5
61 式戦車	1955-60	日産自動車、小松製作所	約 4.4
74 式戦車	1964-72	三菱重工業	約 20
73 式装甲車	1967-71	三菱重工業	約 3.0
70 式自走浮橋	1965-69	三菱重工業、小松製作所	約 1.4
遠距離探信装置（T-101 装置）	1960-72	日立製作所	約 6.3
三次元レーダー	1962-68	日本電気	約 6.6
71 式対空レーダー装置	1966-68	三菱電機	約 1.3
70 式野戦特化射撃式装置	1962-66	三菱電機	約 1.4
機上電波妨害装置（ALQ-3）	1968-70	三菱電機	約 2.5
機上電波妨害装置（ALQ-4）	1969-72	三菱電機	約 3.2
PS-1 ウエポン・システム・トレーナ（操縦訓練装置）	1969-73	新明和工業	約 1.0

一九七四年と一九七五年の世界的大不況に関連して国内需要の冷え込みの顕在化によって日本は、重化学工業が全体として欧米への輸出増大によって利益の安定化を試みたものの、いわゆる〝日米経済戦争〟と評される日米経済摩擦が生じ、民需品の輸出の停滞を招くことになった。輸出主導型の日本の産業構造から、日本経済の先行きに深刻な不安を喚起したのである。

こうした日本の産業経済の状況のなかで、民需を補完する軍需への関心と期待が出始めた。アメリカの要請という外圧と同時に、内圧として武器輸出による軍需産業の活性化を期待する声が大企業だけでなく、下請けや孫請け企業から出始めた。それと同時に新たな輸出攻勢を担保する技術の高度化が不可欠となり、そこから国家の主導的役割をも期待する声が高まっていた。この点に関して、鎌倉孝夫は、「国家財政資金を使い、現代技術の最先端をいく兵器開発を行うことを通して、重化学工業独占体は、高度な新技術開発＝輸出競争戦に乗り出しはじめたのです」[*38]と指摘する。

本章の最後に、一九五六年三月二二日に締結された「日米技術協定（防衛目的のためにする特許権及び技術上の知識の交流を容易にするための日本国政府とアメリカ合衆国政府との間の協定）」に少し触れておく。[*39]

一九五四年三月八日に東京で署名された「日本国とアメリカ合衆国との間の相互防衛援助協定」（MSA協定）は、いずれか一方の政府の要請があったときは両政府間に工業所有権及び技術上の知識に関する適当な取極を作成することを合意したものである（発効は同年五月一日）。

この協定に基づいて「日米技術協定」が締結され、内容は、日米双方の特許権や技術上の知識の相互情報提供を円滑に進め、防衛装備＝武器生産に必要な資材の提供を含めての相互協力を約束するものであった。
当初はアメリカからの日本への一方的な武器生産技術の提供が実態であったが、次第に日本の武器製造技術が高度化すると、日本からアメリカへの武器輸出を円滑裡に進めることに貢献する協定となった。そうした協定の内容を踏まえて、「日米技術協定」の第一条及び第二条を以下に書き出しておく。

第一条
各政府は、防衛生産を不当に制限し、又は阻害することなく実行することができるときは、次の方法により、第八条に定める特許権の防衛目的のための使用を容易にし、かつ、同条に定める技術上の知識で私有のものの防衛目的のための流通及び使用を奨励するものとする。
（a）一方の国における前記の特許権及び技術上の知識の所有者と他方の国におけるこれらの特許権及び技術上の知識の使用権者との間の現存の商業上の関係を通ずること。
（b）前記の関係が現存しないときは、所有者及び使用者がこのような商業上の関係を設定すること。
もっとも、そのような取極は、秘密の情報に関する場合には、防衛上の秘密保持の要件に反してはならず、また、これらのすべての取極の条項は、両国の関係法令に従うものとする。
第二条
防衛目的のため一方の政府が他方の政府に対し単に情報として技術上の知識を提供、かつ、そのことが提供の時に明示されたときは、その提供を受けた政府は、その知識を内密に知らされたものとして取り扱い、かつ、その知識の所有者のその知識に対する特許その他の法令上の保護を受ける権利を害するおそれのあるいかなる方法によってもその知識が取り扱われることがないように最善の努力を払うものとする。

ここからは、一九五〇年代に早くも日米間での武器移転の常態化を裏付ける協定類が次々と締結されていたことが分かる。日本の軍需産業界が日米協定の実効性を期待するのは必然の成り行きでもあった。それで日本の武器移転史を振り返るならば、米ソ冷戦期という国際秩序の変動期とも重なり合いながら、活発化していく土台づくりが形成されていたのである。

第一章

武器輸出規制強化と「佐藤三原則」

朝鮮戦争の休戦後においても、東西冷戦による国際秩序の不安定な時代が続くなかで、日本の武器生産・武器輸出は、新たな段階を迎えていた。すでに前章で一九六〇年代における武器輸出の実態を追った。確かに、銃弾や猟銃など軍用に限定されず民需用にも使用されたことから、これらの物資を全て武器とカテゴライズするのは、少々無理があるかも知れない。しかし、銃弾や小火器とは言え、以後における武器生産の技術的な下支えをも担ったという意味を加味すれば、武器と位置づけるのは決して無理ではない。

一九六〇年代においても、武器生産と武器輸出は静かに進められたが、先ずここでは、典型事例としてペンシルロケットの輸出問題等を取り上げる。特に国会において武器輸出問題が初めて質疑されるなど、一九六〇年代以降における武器輸出をめぐる国内政治を中心にした攻防を追っていく。

1　武器輸出をめぐる政府と企業の攻防

武器輸出の方途

東京大学宇宙研究所の糸川英夫（いとかわひでお）が発明者とされるペンシルロケットは、武器に該当するか否かで俄然論戦が起きたことがある。このペンシルロケット輸出については、一九六〇年一二月に旧ユーゴスラヴィアだけでなく、インドネシアにもロケット本体五機と発射設備が合計一億七〇〇〇万円で輸出すると発表され、合わせてロケット追尾レーダーも加えられていた。この事実がオープンとなったのは、四年後の一九六五年四月のことだった。日本政府としては、軍事用に転換されることもなく、あくまで実験用ロケットとして輸出を容認したとしていた。

事実が発覚してから、およそ半世紀を経た二〇一二年に明らかになったことは、旧ユーゴスラヴィアなどがロケット輸入に踏み切った理由は、ロケット本体というよりロケットに搭載された個体燃料技術の習得にあったとされる。[*40]

この問題が発覚してから二年後、一九六七年四月二一日の衆議院決算委員会で社会党の華山親義（はなやまちかよし）は、以下の質問を発した。一九六〇年代の武器輸出史を検討するうえでは、重要と思われる史料である。

○華山委員　東大のロケットの問題について私が伺ったのでございますが、その中で、東大のロケットをインドネシア、ユーゴに輸出しておる。武器に転換する性格のあるようなものは輸出すべきではないじゃないかということを申したのでございますけれども、今度軍需産業におきまして、いろいろな武器が日本において開発され、または製造されるという段階になった。そのことについての批判は別にいたしますけれども、その際に、この武器を外国に輸出するつもりなのかどうか。

これは、日本の佐藤総理大臣は、常に平和に徹すると言われた。平和に徹するということは、日本憲法の精神でもありますし、日本憲法の平和の思想は、国際的な平和の保持によって、その間において日本の平和を維持していこうというのが精神なんだ。そういう立場からいえば、日本において開発しあるいは製造された武器というものが外国に行くということは、私は絶対にやめていただきたいと思うのでございますけれども、所見を伺っておきたい。*41

華山は、ペンシルロケットがインドネシアやユーゴスラヴィアに輸出されたことを確認しつつ、日本の国是として武器輸出の禁止を確認し、要望したのである。これに対して佐藤栄作首相は、次のように答弁する。

○佐藤首相　その武器等防衛のために必要なものを国産するということ――これは外国から全部

買うのでなしに、国産することがいいことだ、かように思いますので、国産をはかります。また国産をいたしまする以上、防衛的な武器等については、これは外国が輸出してくれといえば、それを断わるようなことはないのだろうと思います。この武器を輸出するという問題になりますと、これは輸出貿易管理令がございますから、当面問題を起こしておるようなところに武器を送るわけにいきません。

また紛争の渦中にある、あるいは特殊な国に対しましては武器を送ってはならない、こういうような取りきめもございます。等々の制約は受けますけれども、私は、一切武器を送ってはならぬ、こうきめてしまうのは、産業そのものから申しましても、やや当を得ないのじゃないか。ことに防衛のために必要な、安全確保のために必要な自衛力を整備する、こういう観点に立つと、一がいに何もかも輸出しちゃいかぬ、こういうふうにはいかぬと私は思います。

佐藤首相の答弁は前段と後段で少しトーンが違えている。前段では輸出貿易管理令の存在ゆえに武器輸出は禁止されている点を強調しながら、後段では武器輸出の全面禁止は産業発展の見地から問題ではないか、としている。要するに武器輸出の是非を判断するうえで、例外規定を導入すれば可能であることを強調してみせたのである。

佐藤首相の答弁に納得のいかない華山は、続けて質問する。

○華山委員　いままでは、日本は武器というものは発達しておらなかった。しかし今日武器というものが発達してくる。そういう段階において、外国に輸出するのであるというふうなことは、平和に徹するという精神ではないと私は思うのです。あらためてひとつ考え直していただきたい。と申しますことは、経団連が、輸出をさせろ、そしてその輸出によった利益というものを、自国の防衛機器産業のコストを下げるようなことには使わないでくれ、こういうえてかってなことを言っている。まるで輸出奨励政策なんです。

武器は輸出させる、それによったところの利益は、国内のコストを下げることには使わないでくれ、こういうふうなえてかって、そういうものの考え方、そういうことにより日本の武器が輸出される、こういう考え方であるならば、私は大変な間違いであると思う。これはそんな理念的なことは言いたくありませんけれども、防衛産業というものがだんだん戦争に近づいていくんだ、そういう理念に近いものなのだ、それだから私は心配して申し上げた。（後略）

華山の武器輸出の危険性を説く論法は、極めて穏当かつ的確である。問題は、なぜペンシルロケットが武器だと認定されず、厳しい輸出貿易管理令の三つの禁止条項（本書五〇頁）に触れないで輸出に成功したかである。同時に華山議員は、なぜ武器輸出と認定し、警鐘を乱打したのかである。とりわけ華山が問題にしたのは、インドネシアでペンシルロケットの受け入れ先がインドネシア国軍であり、輸出交渉相手がインドネシア国軍の将校であった点にある。要するに、民需用ではないとする根拠として問題にしたのである。

また、ペンシルロケットを嚆矢として進められた日本のロケット製造技術は、次のカッパロケットに受け継がれ、これもユーゴスラヴィアに輸出されて、同国独自に開発された地対空ミサイルR26ヴァルカンとなって武器化されていく。すなわち、発射装置とレーダーシステムとが日本の観測用ロケットのカッパロケットをベースとして製造されたのである。

もう一つの事例を取り上げる。戦前期に旧日本海軍の管理下におかれ九七式飛行艇や水上戦闘機強風（きょうふう）、陸上戦闘機紫電（しでん）などの生産で知られた川西航空の幹部たちが中心となって設立した東洋航空工業が、アメリカの小型地上攻撃機・練習機であるフレッチャーＦＤ－25ディフェンダー（Fletcher FD-25 Defender）のライセンスを取得し、合計で六機を生産する。生産機は、一九五二年にカンボジア、南ベトナム、タイに輸出されている。フレッチャーＦＤ－25は、主翼に七・六二ミリ機関銃を二挺、パイロンにもナパーム弾など搭載可能の戦闘爆撃機でもあった。

それで、一体どのような物が「武器」に相当するか否かについて、具体的に以下のように例示された。

すなわち、輸出貿易管理令の「別表」記載項目の該当品目として「兵器の製造用に特に設計した機械装置及び試験装置並びにこれらの部分品及び付属品」「銃砲及びこれに用いる銃砲弾並びにこれらの部分品及び付属品」「爆発物」「軍用車両」「軍用船舶」「軍用航空機」等が例示された。

特に「輸出貿易管理令」の「別表第一の一の項（武器）」には、武器の項目として以下の詳細の規定が明示されている**【表３参照】**。

要するに、ここに該当する全てが武器として見積もられる。つまり、輸出禁止の対象品目とされたのである。

表３　別表第一の一の項

	項　　目
武器	（一）銃砲若しくはこれに用いる銃砲弾（発光又は発煙のために用いるものを含む）若しくはこれらの附属別表品又はこれらの部分品 （二）爆発物（銃砲弾を除く）若しくはこれを投下し、若しくは発射する装置若しくはこれらの附属品又はこれらの部分品 （三）火薬類（爆発物を除く）又は軍用燃料 （四）火薬又は爆薬の安定剤 （五）指向性エネルギー兵器又はその部分品 （六）運動エネルギー兵器（銃砲を除く）若しくはその発射体又はこれらの部分品 （七）軍用車両若しくはその附属品若しくは軍用仮設橋又はこれらの部分品 （八）軍用船舶若しくはその船体若しくは附属品又はこれらの部分品 （九）軍用航空機若しくはその附属品又はこれらの部分品 （十）防潜網若しくは魚雷防御網又は磁気機雷掃海用の浮揚性電らん （十一）装甲板、軍用ヘルメット若しくは防弾衣又はこれらの部分品 （十二）軍用探照灯又はその制御装置 （十三）軍用の細菌製剤、化学製剤若しくは放射性製剤又はこれらの散布、防護、浄化、探知若しくは識別のための装置若しくはその部分品 （十三の二）軍用の細菌製剤、化学製剤又は放射性製剤の浄化のために特に配合した化学物質の混合物 （十四）軍用の化学製剤の探知若しくは識別のための生体高分子若しくはその製造に用いる細胞株又は軍用の化学製剤の浄化若しくは分解のための生体触媒若しくはその製造に必要な遺伝情報を含んでいるベクター、ウィルス若しくは細胞株 （十五）軍用火薬類の製造設備若しくは試験装置又はこれらの部分品 （十六）兵器の製造用に特に設計した装置若しくは試験装置又はこれらの部分品若しくは附属品 （十七）軍用人工衛星又はその部分品

「佐藤三原則」

これまでにみたように、ペンシルロケットをめぐる衆議院決算委員会の場では、あらためて武器輸出をめぐって議論が展開された。すなわち、武器輸出の緩和化に積極姿勢を見せ始めた防衛生産委員会の動きを中心に武器輸出への渇望が示され始めると、武器輸出禁止に実効性を担保させるために佐藤栄作内閣は、「武器輸出三原則」を一九六七年四月二一日、衆議院決算委員会で以下の様に決定した。

すなわち、輸出貿易管理令により通産大臣の承認を要することとなっている武器輸出について、次の場合には原則として承認されないとする。

イ　共産圏諸国の場合
ロ　国連決議により武器等の輸出が禁止されている国向けの場合
ハ　国際紛争の当事国又はそのおそれのある国向けの場合

「武器輸出三原則」において、要輸出承認事例としてリストアップされたものは、小銃、機関銃、迫撃砲、高射砲、銃砲弾、手榴弾、爆弾、魚雷、ミサイル、軍用高性能火薬類（TNT等）、戦車、装甲車、自走迫撃砲、戦艦、護衛艦、潜水艦、魚雷艇、戦闘機、爆撃機、対潜機、防潜網、魚雷防

表4　武器輸出三原則における「武器」の例示

197	鉄砲及びこれに用いる銃砲弾
198	爆発物
199	火薬類（爆発物を除く）
200	爆薬安定剤
201	軍用車両及びその部分品
201-1	軍用船舶及びその船体並びにこれらの部分品
201-3	軍用航空機並びにその部分品及び附属品
202	防潜網及び魚雷防禦網並びに磁気機雷掃海用の浮揚電らん
203	装甲板、軍用鉄兜並びに防弾衣及びその部分品
204	軍用探照燈及びその防御装置
205	軍用の細菌製剤、化学製剤及び放射製剤並びにこれらの散布、防護、探知又は識別のための装置

禦網、磁気機雷掃海用浮揚性電らん、装甲板、軍用鉄兜、防弾衣、軍用探照燈、軍用殺菌製剤、軍用化学製剤、軍用放射性製剤である**【表4参照】**。

「武器」の定義を一応明確にしたとしても、それでも現実には武器として戦場地などで使用される可能性の高い品目には世論や野党から厳しい目が向けられた。一九六五年に豊和工業が製造元のアメリカのアーマライト社からライセンスを取得して製造した自動小銃（ＡＲ－18）の輸出が国会でも問題化する一件もあった。

同小銃は一九七〇年から一九七四年までの四年間でアメリカ向けに三九二七挺が輸出されたとする記録がある。しかし、同小銃がアメリカ国内のアイルランド軍（ＩＲＡ）シンパによりアイルランドに持ち込まれ、紛争に使用された事実が発覚すると、豊和工業は生産を打ち切ることになった事例である。アメリカに輸出した日本製武器が紛争地で使用される可能性があることを、同事件は知らしめている。

2　本格化する武器輸出

日本の「対外軍事販売」

ここでアメリカ国防総省文書として米国軍備管理局が纏めた『世界の軍事費と武器移転一九六七－一九七六年』及び『世界軍事支出と武器移転　一九八五年』（ワシントンDC：一九七八年、一九八五年）には、日本の「対外軍事販売」、つまり、武器輸出の規模が紹介されている[*42]。

一九五〇年代後半、アメリカの対日調達が減少するにつれ、日本の武器・弾薬の輸出は増加し始めた。具体的な数字を示すと、一九五六年から一九六六年の間に総額約三五〇万ドルに達した。一九六七年から一九七六年は、年平均一二五〇万ドルまで増加した。さらに一九七七年から一九八三年まで、日本の非致死的軍事装備品とデュアルユース装備品を含む日本の軍需産業の輸出は、年平均一億ドルであった。

また、同資料に示された「日本の対外軍事販売、一九六七～一九八三年」に示された数字を【表5】に示した[*43]。「日本の対外軍事販売」、すなわち武器輸出の額だが、輸出品目については触れていない。数字の単位は万ドルである。

因みに、一九六七年～七一年は固定相場制の時代で一ドルが三六〇円、一九七一年末から一九七三年二月まで一ドル三〇八円、一九七三年二月一四日に変動相場制に移行後、三〇〇円前後で推移、一九七七年から七八年にかけて円安ドル高が進行し、一ドル一八〇円、一九七八年末から一九八〇年初頭には一ドル二五〇円と乱高下が目立っている。従って、同資料における一九六八年の武器輸出額は現在の一円一五〇円前後で換算すると一一億円程度となる。

「輸出貿易管理令」

戦後日本の武器輸出問題を扱う場合には、一九四九年一二月一日制定の「輸出貿易管理令」（政令第三七八号）が重要なポイントになる。同令に基づいて、武器輸出の大枠での制約を施していたが、一九五三年から一九六七年まで武器輸出に係る一般的な禁止規定の不在状況が続いていた。しかし、一九六七年四月に佐藤栄作政権下で「武器輸出三原則」が発表された。日本の武器輸出は、「政令」（貿易輸出管理令）、「原則」（武器輸出禁止三原則）と政府の「見解・解釈」の、いわば組み合わせで管理されてきた。原則の維持は、政府の裁量を制約する法律の制定による輸出禁止を絶対化する可

表５　日本の対外軍事販売

年	金額
1967	400
1968	700
1969	1,400
1970	600
1971	200
1972	1,200
1973	2,000
1974	2,000
1975	3,000
1976	1,000
1977	3,000
1978	9,000
1979	5,000
1980	6,000
1981	20,000
1982	7,000
1983	20,000

（万ドル）

能性を排除するための便法として閣議決定されたものと言える。後述するが、その限界性を突破すべく日本共産党や社会党は武器輸出禁止法案の制定に何度か動いたことがある。

日本政府は、憲法、法律（または条約）、原則の関係を理解した上で、政府がどのように政策を実施しようとしているかを説明するために「意見書」を使用している。そこに示された意見なるものは、政府が一方的に発表するものであり（多くの場合、政府省庁間の広範な合意形成と調整の後に発表される）、国会の承認を必要としない。しかし、国会は、法律、原則、政府の政策について、独自の解釈を「決議」によって表明することができる。

日本政府は、これまで聖域化されてきた防衛関連政策を修正するために、国民のコンセンサスに影響を与える長期的なキャンペーンで解釈意見を頻繁に持ち出すことになる。対外軍事販売（＝武器輸出）の分野での例としては、アメリカへの軍事技術移転を可能にするための「武器輸出三原則」の修正を敢えて施す。非常に恣意的かつ御都合主義的な修正である。これには一九七八年から一九八三年まで六年に及ぶ時間の経過があった。その理由は、政府の都合と軍需産業界との都合との調整に手間取ったからであった。

そこにはアメリカとの調整を優先する政府と、軍需産業の発展と政府からの支援を取りつけたい財界との鬩（せめ）ぎ合いがあった。この政府と財界との調整は、現在にも続く課題として水面下での対立と妥協とが連綿として続けられているのである。

第二章

武器輸出をめぐる内圧と外圧

日本の武器生産体制が整備されて行く一方で、武器輸出規制の動きが内圧と外圧の両面から厳しさを増していく。

武器輸出の実績を蓄積したい軍需産業関連企業と、武器輸出を統制したい政府、さらにアメリカからの輸出要請と禁止要請という二重基準により、規制内容自体の複雑さもあって軍需産業界には混乱が生じ、不満が鬱積していく。そうした錯綜する鬩ぎ合いのなかで、次第に武器輸出の実態は見えにくくなる。

だが、武器輸出の実績が拡大するにつれ、可視化された輸出状況がメディアや世論に露見されていく。一九六〇年代から七〇年代にかけての武器輸出状況は、その利益と目的との整合性をどう取っていくのか、という面においても日本武器生産と武器輸出の変革期とも言える時期であった。

1　規制強化と輸出違反事例

日工展訴訟事件

　ここでは当該期における武器輸出違反事例の一部を取りあげながら、武器輸出に奔走する輸出関連企業の動きを追ってみたい。なお、以下に挙げる違反事例は、ほとんどが対共産圏輸出規制（COCOM）違反事例である。

　一九六九年三月二三日から四月一一日まで中華人民共和国（以下、中国）の北京と上海で開催予定の工業博覧会に向けて工業製品の展示と輸出の準備を進めていた日本工業展覧会（日工展）事務局は、上海開催分も含めて約一〇〇〇点、総額で一五億円に達する大規模な出品を計画していた。事務局は通商産業省に展示品の展示許諾を得るため許諾申請書を提出したが、同省は前年の一九六八年一一月一三日、出展品目のうち電子機器、計測機器、工作機械など一九点についてココム規制に該当するとし、当時の外国貿易管理法の下部政令である「輸出貿易管理令[*44]」に基づき輸出承認を拒否する回答を行った。

　この拒否回答を受けて日工展事務局は、通産省の輸出規制処分を不当とし、輸出不承認処分の取消を求める訴えを起こす。審議を経て一九六九年七月八日、東京地方裁判所（杉本良吉裁判長）は、

「輸出貿易管理令は経済的理由に基づく場合のみ、輸出制限をすることができ、政治的、軍事的などの経済外的な理由によって輸出を禁止することは、間接的にそれが経済的影響を及ぼすとしても適当ではない。ココムは国際法上も国内法上も法的根拠はなく、輸出制限の根拠にはならない。ココム規制を行うにはその趣旨、目的に沿った国内法があるか、または新たな立法措置が取られた場合に限られる」として通産省の輸出承認拒否を違法とする判決を下した。

東京地裁は、当然ながらココムは法的権限を有しないことを指摘し、加えて「輸出貿易管理令」はあくまで経済的理由を根拠として輸出の承認や許諾を判断するものであるとの位置づけを行ったのである。但し、東京地裁は、原告側が出店準備に要した経費を含め、慰謝料一〇〇〇万円の国家賠償請求は、「通産省の処分に故意、過失があったとは認められない」として請求を棄却した。

この裁判結果から実に一一年後、通商産業省は一九八〇年に「外国為替及び外国貿易法」を改正し、経済外的理由による対外取引の規制、特に国際的安全及び平和（安全保障）を理由とした資本取引及び役務取引の制限が認められることにした。つまり、「輸出貿易管理令」では規制できなかった輸出品に一層厳格な規定を盛り込み、武器並びに準武器の輸出規制に乗り出す。

数々の輸出規制事件が起きるなか、武器輸出問題が政治問題として浮上する。輸出規制の一方で武器輸出推進を求める企業側との鬩ぎ合いのなかで、一九六七年四月二一日、佐藤栄作首相は衆院決算委員会での答弁で、「武器輸出三原則」と称されることになる武器輸出を認めない三つの事例を公けにした。後に「佐藤三原則」と言われるものだ。政府は、あくまで武器生産及び武器輸出を政府の統制下に置くことに必死であったのである。ここでは法律ではなく、ゆくゆくは政令による輸出規制に特化する方針を採ろうとする政府・通商産業省と、法律による実態を伴う輸出規制を図るべきとする野党勢力との鬩ぎ合いも活発化してくる。

「武器」の定義

与野党の攻防の前提として、そもそも武器輸出・武器輸入と言う場合の「武器」の定義はどのようなものであったのか。そのことを国会の審議から追ってみよう。

一九七六年二月二七日に衆議院予算委員会での日本社会党の安宅常彦（あんたくつねひこ）委員が質問の形で「武器」の定義について以下の如く述べている。*45 武器輸出という場合の「武器」の把握が政府委員の答弁でどの程度見極めがつけられているか確認しておく。少し長いが煩を厭わず引用する。

○安宅委員　この間の私の武器輸出に関する質問で、政府は統一見解を出す、こういうことになってきょうの日程になったわけであります。ここで非常に重要なことは、この統一見解について私二、三確認をしておきたいことがあります。

これは第一枚目の「政府の方針」、これは輸出貿易管理令の別表一〇九など、こう書いてありますが、この問題は、ちょうど去年の十一月だったと思いますけれども、通産省の当局から、武器の直接製造設備それから武器の関連製造設備、こういうものも輸出はいたしません、こういう答弁を得ておるわけで、そのために追加になったのだと、私はそう思っております。したがって、ここには直接製造設備というのが入ってないが、関連設備まで入っているからもういいのだ、それも含まっているのだ、というふうに当然理解していいと思いますが、この別表一〇九というのは直接製造設備のことを言っているわけであります。したがって、たとえば別表の七九、こういうものも皆入っているのかどうか。とにかく、そういう関連の設備などというのはどういうことを指しているのか。これをちょっとお伺いしておきたいと思います。

これに対し、熊谷善治政府委員（通商産業省）は、「ただいま御指摘の一〇九の項などでございますが、この武器製造関連設備の中にはただいま御指摘の一〇九項の『兵器専用の工作機械、加工機械及び試験装置並びにこれらの附属品』、これと、それからただいま先生御指摘の七九の項の『軍用火薬類の製造設備及びその部分品』を含めておりまして、一般の工作機械等は入っておりません」と答弁する。

安宅は、引き続いて「武器」の定義に拘りつつ、汎用性を理由に武器でないと強弁する政府の姿勢を厳しく糾弾する。引き続き安宅の質問を引用しておく。非常に核心を衝いた質問内容である。

○**安宅委員**　私がなぜそんなことを聞くかといいますと、あなた方は、武器の輸出について、言うならば別表の一九七から二〇五までを言っているのだ。今度は二枚目に書いてある「武器の定義」のところで言っておりますよね。ところが、それだけじゃないのですね。たとえば五四には、「軍用航空写真作成装置及びその部分品」とかいろいろなそういうことまで出ているのですから、そうしますと、軍用の航空写真というのは一体どういう軍用機に積んで、そしてこれは人を殺傷するための一番大事な軍用写真を撮るのですからね、爆撃をするための。こういうものは一九七から二〇五までの中に入ってないのじゃないですか。

それから五十年の十一月ですか、参議院において共産党の星野力さんだと思います、それから内藤〔功（日本共産党）〕さんも加わって必死にそこのところをついておるのですけれども、あなた方は、この武器輸出ということは、別表の一九七から二〇五までを基礎にしてこの武器三原則というのは発展してきたのでございまして、とかうまいことを言って、とうとうごまかし切って逃げ切っているのですね。そういうやり方は非常におかしいので――これは東京計器という会社から韓国に対してだったと思いますが、レーダーを出しているのですね。軍用レーダーと魚群探知機みたいなものとは大変違うのでございますけれども、そういうものに汎用に用いられるなどとごまかしておいて、そして別表の一九七から二〇五までのところに隠されているのだということを、後でおかしいではないかと言ったら、通産省の説明は、実はその中に入っておるのだというのです。一九七から二〇五までの間、どこに入っておるのですか、軍用のレーダーは。

これに対する熊谷政府委員は、「一九七の項と一九八の項に該当いたしております」と回答する。安宅委員は、さらに続けて、これまで一九七二年に行った政府答弁では当時の田中角栄通産相が武器輸出については「慎む」の用語で武器輸出には厳しい姿勢で臨むと発言していたことを捉え、今回では「ケース・バイ・ケース」で武器輸出認可に臨むとしたことを変節だとして批判する。そして、何を「武器」と定義づけるのか政府の明確な答弁を求めた。武器とは政府は当初、鉄兜も武器と言い、その後、小銃やロケット弾まで武器として定義づけた。そして、現在ではC1輸送機を「準武器」なる用語で説明しようとしたことに、曖昧な定義づけと、武器の概念が次第に拡大されている事態を痛烈に批判する。

なお、ここで繰り返しでてくる「別表の一九七から二〇五」とは、「武器輸出三原則」で示された「武器」の例示のことであり、これについては本書五一頁の【表4】を参照されたい。

C1輸送機は「武器」か否か

とりわけC1輸送機を軍用でないとする立場を崩そうとしなかったことの理由として、答弁に立った河本敏夫(こうもととしお)通産相は、同機の汎用性が高く、軍民両用の機能を有する機体であり、同機を直ちに武器とは見なさない、とかなり強引な理由付けで乗り切ろうとした。

安宅委員の質問に対して河本敏夫通産相は、「C1につきましては、先般の委員会でもお答えいたしましたが、通産省ではこれを武器でない、こういう考え方でございます。なぜかといいますと、それは汎用性が非常に高くて…」と明言したのである。

以後、安宅委員と河本通産相の質疑が続くが、河本通産相は軍用にも使用可能だが、日本が輸出しようとしている同機は、あくまで民需用であるとの一点張りで質疑は並行線を辿るばかりとなった。

　しかし、河本通産相の答弁は、余りにも通り一辺であり、軍用機であることを否定するために民生用に使用可能な機体であることを繰り返すばかりであった。最後には、「しかしこれを輸出する場合には、武器と見られる軍用機としての懸念のある特有の設計がありましたならば、十分チェックいたしまして配慮するつもりでございます」と言わざるを得なかった。

　安宅委員は、もちろんのこと、この河本通産相の答弁に満足しない。安宅委員は、一九七六年一月一三日付の『朝日新聞』紙上での丸山昂（まるやまこう）防衛局長（当時）の「武器の単価を安くして国防の予算を使わないようにするためには、輸出をどんどんやってコストを下げた方がいいという気持ちもある」との発言を引用し、また『静岡新聞』の共同記事が、日本の武器輸出の動きが顕在化している現状を、「死の商人」から「死の政府」「死の国家」になりつつあると批判しているのを引用紹介して政府を鋭く追及する。

　安宅委員の厳しい指摘と批判に河本通産相は、次のような逃げの答弁でかわそうとする。すなわち、武器の定義は、まずは法律用語としては武器等製造法、自衛隊法、警察官職務執行法の三つの法律で「武器」の用語が使われ、そこでは必ずしも統一的な定義によって使用されている訳でないこと、政令で決められた「武器輸出三原則」の「武器」の用語は、あくまで行政用語であって法律用語ではないこと、つまりは武器の統一的な定義は実際に不在であることを繰り返すのみだった。

　政府としてはこれが精一杯の答弁ではあったが、そうすると各法律や政令において関係者は自己都合で恣意的な解釈を許す可能性があり、それではそもそも武器輸出規制は最初から望めないことにもなりかねない。政府としては、いったんはこうした見解を披瀝するが、批判をかわし切れないとする考えから、武器の定義について統一的な定義づけの試みを開始する。

輸出貿易管理令「別表」

以上の政府答弁でも判るように、「武器」とは何かをめぐり定義づけに政府は腐心する。一九七六年二月二七日の衆議院予算委員会の議事録にその定義に関する記録がある。そこには、明確に以下の記述がある。同予算委員会における三木武夫首相はじめ、政府側の答弁を書き出しておく。それは後に、「三木三原則」と言われることになる。

一、政府の方針
「武器」の輸出については、平和国家としての我が国の立場から、それによって国際紛争等を助長することを回避するため、政府としては、従来から慎重に対処しており、今後とも、次の方針により処理するものとし、その輸出を促進することはしない。
㈠　三原則対象地域については、「武器」の輸出を認めない。
㈡　三原則対象地域以外の地域については、憲法及び外国為替及び外国貿易管理法の精神にのっとり、「武器」の輸出を慎むものとする。
㈢　武器製造関連設備（輸出貿易管理令別表第一の第百九の項など）の輸出については、「武器」に準じて取り扱うものとする。

二、武器の定義

「武器」という用語は、種々の法令又は行政運用の上において用いられており、その定義については、それぞれの法令等の趣旨によって解釈すべきものであるが、㈠武器輸出三原則における「武器」とは、「軍隊が使用するものであって、直接戦闘の用に供されるもの」をいい、具体的には、輸出貿易管理令別表第一の第百九十七の項から第二百五の項までに掲げるもののうちこの定義に相当するものが「武器」である。㈡自衛隊法上の「武器」については、「火器、火薬類、刀剣類その他直接人を殺傷し、又は武力闘争の手段として物を破壊することを目的とする機械、器具、装置等」であると解している。なお、本来的に、火器等を搭載し、そのもの自体が直接人の殺傷又は武力闘争の手段としての物の破壊を目的として行動する護衛艦、戦闘機、戦車のようなものは、右の武器に当たると考える。

以上が武器輸出についての政府の統一見解である。前段において、輸出方針として輸出先が紛争中あるいは紛争の可能性のある国及び地域を除外し、輸出した武器が使用されること。それによって紛争の拡大あるいは紛争ぼっ発の可能性の原因となることを回避すること。そうした国及び地域については、平和憲法の理念や外国為替と外国貿易管理法の規定に従って輸出の承認の是非を判断すること。武器製造関連設備（輸出貿易管理令別表第一の第百九の項など）は、武器生産に必要な機械や機器は武器そのものではないが、武器生産を担保する対象として、「準武器」として取り扱い、輸出の是非を判断すること、とした。「武器輸出三原則」を構成する内容である。

そして、後段において「武器」の定義を明確に示した。「輸出貿易管理令」のうち、九項目に相当するものが「武器」と定めた点は、武器輸出の承認の是非に留まらず、武器輸出の功罪を俎上に挙げるうえでも大前提となる。ただし、武器技術の高度化や多様化、あるいは秘匿性や広範性という新たな状況の展開のなかで、これだけで「武器」を特定化することは困難である。つまり、この定義から食(は)み出した武器が現在も未来も登場する可能性は大であり、こうした定義づけで本来「武器」と定義・指定するのは困難なことが予測される。

軍需と民需が混在している現代の工業生産のなかで、民需用と軍需用との境目の区別が不可能に近いもの、換言すれば汎用性の議論の高まりのなかで使い方次第では非常に簡単に武器化する製品の開発が進む。それゆえ、「武器」の定義づけは繰り返し確認していく必要性がある。

2　武器輸出三原則をめぐる内圧と外圧

「三木三原則」をめぐって

先に述べたように、「三木三原則」で示された「武器」とは、既に前章で記した「輸出貿易管理令」の別表に示したものに加え、「自衛隊法」(一九五四年・法律第一六五号、一九九四年四月二五日改正）の第九五条（自衛隊の武器等の防護のための武器の使用）にある、「第九十五条　自衛官は、自衛隊の武器、弾薬、火薬、船舶、航空機、車両、有線電気通信設備、無線設備又は液体燃料（以下「武器等」という）を職務上警護するに当たり、人又は武器等を防護するため必要であると認める相当の理由がある場合には、その事態に応じ合理的に必要と判断される限度で武器を使用することができる。ただし、刑法第三十六条（注：正当防衛）又は第三十七条（注：緊急避難）に該当する場合のほか、人に危害を与えてはならない」に規定されたものとする。

先の「佐藤三原則」と比べ、武器輸出への規定が「原則として（輸出）承認されない」から「武器の輸出を認めない」と断定し、暗黙のうちに例外を容認するスタンスを採っていたことと大きな違いを示していた。また、「武器輸出関連設備の輸出」をも武器輸出の範疇として、これの輸出を禁止したことは特筆に値する。つまり、武器製造に係る機械・機器なども武器に準ずるとの位置づけで禁止対象とした。三木内閣は、武器輸出を包括的かつ具体的かつ全面的に禁止する措置を採ったのである。

しかし、この全面的な武器輸出禁止措置が一貫して採られた訳ではなかった。その一貫性が失われそうになった事例があった。それは、先ほど取りあげたが、一九七〇年代において軍需産業界から武器輸出解禁の強い要請が出されていた軍用レーダー（東京計器）、Ｃ１輸送機（三菱重工基幹）、ＵＳ１多用途飛行艇（新明和工業）、ＫＶ107ヘリ（川崎重工業）などの輸出を容認するか否かで政治問題化した事例である。

これに類した実例は枚挙に暇がないが、一九七八年七月、フィリピン国防省が公表した、およそ九一万個に及ぶ手榴弾をフジ・インダストリ社が電気部品と偽って輸出した事例もある。製造元のフジ・インダストリ社は貿易管理法違反とされたが、手榴弾を何個かの部品に分解して輸出するという手の込んだ極めて悪質な事例である。まさに「武器輸出三原則」で輸出規制を図ろうとする政府と、それを掻い潜ろうとする輸出関連企業との鬩ぎ合いが、一貫して続けられていたのである。こうした事例は、氷山の一角であったと思われる。比較的知られている事例をもう少し紹介しておきたい。

韓国へのレーダー輸出問題

最初に、韓国陸軍へレーダーを輸出した事件を取りあげる。輸出した会社は東京計器株式会社である。同社は一八九六年に創業した旧名を和田計器製作所と言う。戦後は船舶港湾機器事業を中心とする計器製造企業だが、戦前は戦艦「三笠」に搭載された磁気羅針儀や戦艦大和・武蔵に搭載された羅針盤の製造でも知られた軍需企業でもあった。戦後はジャイロスコープメーカーとして有名なアメリカのスペリー社とレーダー製造権契約を締結してから、日本における各種レーダー制作会社としての地位を不動にしていく。一九七一年にＦ４ＥＪファントム用のレーダー警戒装置を独自に開発し、軍需産業の重要な一角を占めるようになる。

その東京計器が韓国陸軍にレーダーを輸出していたことが発覚し、国会で問題となる。一九七五年一一月七日、第七六国会参議院予算委員会の議事録から、この問題を追ってみる。質問に立ったのは、日本共産党参議院議員の内藤功（ないとういさお）委員と星野力（ほしのつとむ）委員である。先ず内藤委員は、「武器輸出三原則」の履行状況に絡めて、以下の質問を行う。その一部を引用する。

○内藤委員　通産大臣が、外国に戦争の火種があったときに、それを求めむさぼるように日本の企業が人殺しの武器を輸出をしないというのが、この三原則の趣旨だと思うんですね。この運用について、いままで、たとえば田中角栄元通産大臣は、鉄かぶとであっても軍隊の用に使う場合には、これはここに言う武器であると、こういう答弁をたしか四十七年（一九七二年）にしておるんですね。それから、たとえばいろんな例が貿管令にも書いてあって、探照灯というようなものもこの中に挙げられておる。そこで私の質問は、端的に二点だけお聞きいたします。

一つは軍用レーダー、相手の目標を発見して、探知して識別をするというこの軍用レーダー、これは当然武器の中に入ってくるものと思いますが、どうか。これが一点。それから、時間がないからもう一点。この軍用に供するかどうかという判断の基準としては、判断の仕方としては、エンドユーザーといいますか、最終使用者がだれであるかということまで調査をして、数段階、十段階まで調査をしてそうして決める、こういう厳格な態度、当然と思いますが、こういう態度を通産省は現在もとっておられると思うけれども、この二点について端的にお答えを願いたい。

「武器輸出三原則」には対象品目への厳格な選別ルールが設けられており、表向き民需用だとしても、輸出対象地域や国の状況へのチェックが設けられていることを確認したうえで、問題の韓国陸軍向けレーダーは、然るべき選別ルールに従って輸出許可がなされたことを確認する質問を発したのである。内藤委員の質問に河本敏夫（こうもととしお）通産相は、以下の答弁を行った。

○河本通産相　先ほど申し上げました武器三原則のその武器という意味は、軍隊の使うものであって直接の戦闘用に使う、こういう考え方でございます。いまおっしゃった品物が軍隊の使うものであって直接の戦闘用のものかどうか、これはちょっと研究してみます。

つまり、韓国陸軍に輸出したレーダーは軍用レーダーでなく、従って武器輸出に相当しない、という判断を示したのである。より具体的な説明として政府委員の熊谷善二は、「武器の概念が直接戦闘の用に供するものということでございますので、レーダーそれ自体は、そういった直接戦闘の用に供するものではない、もっと一般的な汎用のものというふうに解釈いたしておりまして、レーダーなるがゆえに直ちにこれは武器と判断をするというような運用はいたしておりません」と言う。ここで言う「一般的な汎用のもの」の意味は、軍用でなく民需用機器として使用される見込みとの判断を行ったとしている。

これに対して、内藤議員は輸出されたレーダーが敵の発見という探知を目的とし、攻撃の対象を絞り込むための武器ではないかと重ねて問うた。「軍用レーダーというものはなおさらこれは直接戦闘の用に供するものだと思うんですね。ですから、個々の場合と言うけれども、実際はほとんどすべての場合がこれは直接戦闘の用に供するものと、こういう判断でいかないと現代の技術というものの常識から外れてくると思うんですがね、その点をもう一点どうですか」と重ねて追い込む。熊谷政府委員は、汎用性を理由に内藤議員の追及を躱（かわ）すに必死となる。

内藤委員に代わり、同じく日本共産党の星野力委員が、「田中〔角栄〕元通産大臣がその当時、鉄かぶとは普通かぶっても武器じゃないけれども、兵隊がかぶればこれは武器になると言われた。通産大臣、認めますか、そういう解釈を」と追及の矛を緩めない。熊谷政府委員は、「御指摘のとおりでございます」と汎用性ゆえに軍用に使用する可能性があり、使用次第では直ちに武器に転化する可能性を認めざるを得なかった。

さらに武器輸出許可条件の一つして、紛争国ないし紛争が生起する可能性のある地域・国家は輸出禁止対象となるとする原則がありながら、休戦協定とはいえ国際法で言えば、戦争状態にある韓国への輸出が妥当なのかを問うた。これへの政府答弁の趣旨は、韓国は紛争国ではないが、将来的には紛争国となる可能性があり、この点で「武器輸出三原則」に触れるので韓国への輸出は認めていないと回答する。

しかし、輸出の実態を問われた熊谷政府委員は、「四十六年の七月までに、通関統計によりますと、韓国向けに輸出されましたレーダーの輸出実績は百四件、約一億六千万円でございます。なお、同時期に韓国向けレーダーの標準外決済として輸出した、通産大臣が承認したものは三件で、約五千万ドルでございます」とレーダー輸出の実態を克明に説明する。

これを受けて星野は、レーダーは東京計器から韓国の商社である東一交易（トンイルキョヨク）（KStrade CO.LTD）を経由し、韓国陸軍に納入された事実を披露する。日本から輸出されたレーダーは、陸軍沿岸警備隊の車両に搭載されて運用されていることにも触れる。確かにレーダーは貿易管理令において対象外とされ、承認の必要のない機器として位置づけられている。それゆえに武器の指定を受けないでスルーしてしまうことになった一例である。

韓国陸軍沿岸部隊に納入されたレーダーは、東京計器が軍用レーダーとして開発製造した「MR121シリーズ」のひとつであることも判明している。同シリーズが軍用として開発製造されたことは間違いないことであり、事実として韓国陸軍が使用していることから武器輸出に該当する。武器輸出の実態が汎用性を口実に既成事実化していた象徴事例である。

C1輸送機とUS1多用途飛行艇輸出問題

次に本来軍用として開発製造されたC1輸送機とUS1飛行艇の輸出問題について、あらためて述べておきたい。先ず、C1輸送機は川崎重工業（川重）が中心となって開発生産され、一九七〇年一一月に初飛行に成功して以来、合計で三〇機余が航空自衛隊の主力輸送機として納入された国産輸送機である。現在では順次退役し、後継機のC2輸送機へと交代が進められている。

C1輸送機は五八式一〇五ミリ榴弾砲や六〇式自走一〇六ミリ無反動砲などの兵器を搭載し、完全武装の空挺隊員四五名（通常人員六〇名）を登場可能なキャパを持つ完全な軍用機である。この軍用機であるC1輸送機の輸出問題が国会の場で取りあげられた。その遣り取りの一部を引用する。

C1輸送機、US1多用途飛行艇、KV107ヘリなど汎用性の高いとされる機体が、民需用目的だとして輸出候補として俎上にあげられてきたのである。

そこでこのなかでC1輸送機の輸出をめぐる、一九七六年二月四日の第七七国会衆議院予算委員会における公明党の正木良明(まさきよしあき)委員と政府との質疑の模様を一部追ってみよう。

正木良明は、国産のC1輸送機の輸出を求める動きが強く出ていることに関連して、その真意を政府に問い質す。これに対して、貿易監督官庁である通商産業省の河本敏夫通産相は、「この前もお答えをしたのでございますが、C1とかUS1とかいうものは武器とは考えておりません」ときっぱりと否定してみせる。

補足答弁に立った籠谷政府委員も、軍需用ではなく民需用であると結論づけて、以下の答弁を行っている。

○籠谷善二(かごたにぜんじ)(政府委員)　このC1という航空機の構造、性能、設計等をしさい〔仔細〕に検討いたしておるわけでございますが、この構造は、一般の民間の通常エアラインにおいて使われております航空機の構造と物それ自体の特性といたしまして基本的に何ら変わるところがございません。貨物の輸送それから物体の輸送、こういう構造でございまして、私どもはこれ自体の性能から判断いたしまして、いわゆる爆弾倉を増設するとかあるいは火器を搭載するとか、そういった構造には全くなっておりませんので、これはそういう軍用ということではございませんで、汎用性のあるという点に着目をいたしまして、私どもはこれは武器ではないという考え方で取り扱えるというふうに考えておるわけでございます。

要するに軍用機としての機能を排除して、民需用に改造しているから「武器」には相当しないという理由を持ち出す。そこには、武器を武器とみなさないキーワードとして盛んに用いる「汎用性」、換言すれば多目的機能を有した機体であり、軍需用にも民需用にも使用可能だが、あくまで民需用として位置づける、それに相応する機体改造をすれば「武器輸出三原則」には抵触しない、と言う理屈である。

正木議員は当然ながら籠谷政府委員の説明には納得しない。以下のように、同機がどの角度からしても軍用機であり、小手先の改造や解釈の変更によっても、軍用機であり武器である本質は不変である点を指摘し、以下のような反論を行う。

○正木委員　現に、これは一九七五年版の自衛隊の装備年鑑でございますが、この中でもこれは軍用ということがはっきりしている。この中では「尾翼の下の後部扉が開いて、カーゴをのみこみ、パレットにのせれば榴弾砲でもジープでも短時間、能率的に搭載して空中投下が可能。床に金属ロッドを立てれば担架をとりつけることができ、三十六人の患者の空輸が可能で、通常の人員なら六十人、完全武装した空挺隊員なら四十五人収容できる」、こういうふうに完全に軍用に使われるために開発され、軍用に使われるためにいま自衛隊に配備されているのです。

自衛隊が使うから軍用であって、自衛隊が使わなければ軍用じゃないという考え方でおられるのでありましょうけれども、少なくとも基本的な日本の平和という問題、平和というものを、本当に世界じゅうから得た信頼を覆さないためにも、やはり武器輸出、準武器輸出というものについては私は慎重であらねばならぬ、このように私は考えるのです。これは通産大臣と総理、あなたの言うことを私はかわりに言うたようなものだから答弁してください。

立党の基本原則として平和国家の創造を掲げる公明党委員ならではの、明確な平和主義に裏打ちされた重要な指摘である。武器及び準武器に該当する機体の輸出が戦後が獲得してきた日本への信頼を棄損することの危うさと誤りを的確に衝いているのである。そうした平和主義を貫徹するためにも不可欠な武器輸出禁止措置が、汎用性とか民需用に改造して軍用機としての機能を解除しているからとする理由で輸出に踏み切ろうとすることへの、文字通り正面からの批判の論陣を堂々と張っているのである。

この正木委員の筋論に河本通産相は、「決して私どもは武器を輸出することによりまして産業を盛んにするとか貿易をふやすとか、そういうことは毛頭考えていないわけです。事実日本には武器輸出の実績はございませんし、軍需産業というものは微々たる状態でございますから、はるかに他の分野で貿易の振興を図る方が何十倍も何百倍もの効力があると私は確信をしております。したがいまして、御質問が出ますからこれは武器であるとか武器でないという一応判断をいたしますけれども、そのことと将来武器の輸出をどうするかということは全然別問題でございまして、武器の輸出を盛んにするとか、そういう考えは毛頭ないということを申し上げておきたいと思います」と繰り返す。三木武夫首相も、「日本は原則的には武器の輸出は承認をできるだけしないようにしようというのが基本的な考えでございます」と強調する。これら自民党政府の答弁の空虚さが次第に明らかになっていくのには、それほど時間を要しなかった。

汎用性の高さが武器輸出の抜け道に

正木委員と同様に社会党の安宅委員も、C1輸送機輸出問題を取り上げて政府を糾弾している。先ほど引用した国会議事録でも引用した安宅は、軍用機の種類のうち戦闘機、爆撃機、対潜機までは書いてあるが、救難機とか練習機は武器輸出禁止対象外品目に例示してあることを捉え、落下傘部隊を前方の入り口から搭乗させ、大砲や弾薬を後方の出口から搬出する構造の同機は軍需用目的で開発製造されたことは明らかであり、軍用機そのものであると指摘する。

これに対し、河本通産相は、あくまで武器でないとして正木委員の質問に正面から応えようとしなかった。河本通産相の回答は以下の通りである。

○河本通産相　いまたしかおっしゃったように、自衛隊でも使ってはおりますけれども、汎用性が非常に高いということのために通産省では武器でない、こういう考え方でございます。ただ、しかしこれを輸出する場合には、武器と見られる軍用機としての懸念のある特有の設計がありましたならば、十分チェックいたしまして配慮するつもりでございます。

ここでも汎用性の言葉で同機が多目的に使用可能な機体構造を有しており、従って「武器」とは評価できないことを再三強調する。そして、それでも懸念材料があるならば、「武器輸出三原則」に従い、厳しく精査すると回答する。

「武器輸出三原則」の変容

一九六七年四月、日本政府は「武器輸出三原則」を発表したが、これによって通産省は共産圏諸国や国連決議で武器輸出が禁止されている国（当時は南アフリカ共和国）、紛争状態にある国、また紛争状態になる可能性のある国には武器輸出を認めない方針を公表していた。

一九七二年二月、田中角栄通産大臣（後に首相）は、「武器輸出三原則」をさらに徹底し、輸出対象国であっても武器輸出についてハードルを引き上げる措置を採った。

アメリカ連邦議会が公表した資料によれば、「田中の発言にもかかわらず、一九七二年から一九七六年までの日本の武器輸出は、その前の五年間に比べ実質的に拡大した。一九六七年から一九七一年までの日本の武器輸出は総額四八〇〇万ドル（一九七五年一定ドル換算）であったが、一九七二年から一九七六年までの期間には九七〇〇万ドルに倍増した」*46とある。これは一つの数字だが、武器輸出の拡大が事実上進んでいたことの証左である。つまり、「武器輸出三原則」が機能していなかったことになる。

一九七六年にココム違反など折からの武器輸出の実態が明らかになると、これを規制する動きがでてくる。それが新「武器輸出三原則」であり、二〇一四年に「防衛装備移転三原則」の登場まで輸出規制の規範となった。それは法律ではなく、閣議決定された政令として明らかにされた。

法律ではなく、政令としたのは輸出規制の管轄官庁である通産省（経済産業省）が統制する権限を持つことで、輸出禁止と容認の解釈の幅を担保するためであった。背景には事例で示したようなココム違反が相次ぎ、アメリカからの強い抗議や懸念の表明があったからである。武器輸出の拡大を志向する軍需産業界及び防衛生産委員会としては、アメリカの意向を受けた日本政府の判断に従うしかなかった。

しかし、武器輸出規制を法律ではなく、政令としたことは時の内閣の容認の可否の幅を広く採っておくための判断であった。それゆえこの政令には抜け穴が事実上いくつも用意された結果、実際に武器輸出の件数に関して、この間に相当数が容認されている。それでも規制の解釈などについて政府と武器生産を担う軍需業界との駆け引きが続き、その結果、二〇一四年四月一日に「防衛装備移転三原則」**【表6参照】**があらたに閣議決定された。

それまでの「武器輸出三原則」は原則として対共産圏輸出を禁止すると共に、国際連合の決議によって武器禁輸措置をとられた国、及び紛争地域への武器輸出を禁止したものであった。その間隙を縫うような形で承認される可能性のあった「他の地域」への武器輸出は「慎む」とされ、武器輸出自体を禁止するものではなかった。輸出の幅が一気に広まったのである。

そのため武器輸出の実数は伸びると予測されたが、武器輸出対象国として許容される可能性の高かった国・地域にも武器だけでなく、武器製造技術や武器への転用可能な物品の輸出が原則禁止される措置が続くことになった。この「慎む」という自己抑制的な文言は、一定程度効果を発揮する形となった。だが、これへの不満や反発は、軍需産業界の強い意向を受けた自民党国防族を始めとする国会議員の活発な動きもあって、次第に禁止緩和の動きに繋がっていく。

その一例として再三取りあげられるのが、最終的には失敗したものの、オーストラリア海軍への潜水艦輸出交渉であり、そして近々ではイギリスとイタリアとの戦闘爆撃機の共同開発事業である。とりわけ、後者の場合はおよそ一〇年間単位の長期プロジェクトであり、その先行きはクリアとは言い難い。ただ、このプロジェクトが日本の武器生産と武器輸出に拍車をかけ、実績作りの一環として広報されていくことは間違いないであろう。

法制化されなかった「武器輸出三原則」

「武器輸出三原則」が閣議決定されて以後、武器輸出そのものは「慎む」との文言で、ある意味では緩やかな規制が行われていたことになる。問題は、「武器輸出三原則」の内容そのものを直接的に規定した法律が制定されなかったことだ。それに代わり、「外国為替及び外国貿易法」(以下、外為法と略す)と「輸出貿易管理令」とで、輸出許可の是非が判断され、「輸出貿易管理令」の「別表第一」が輸出許可品目名をリストアップしている。経産相の立場で武器輸出の許可の是非の仕組

表6　二つの「三原則」の相違点

	旧原則（国会答弁、官房長官談話等）	新原則（閣議決定、国家安全保障会議決定）
名称	**武器輸出三原則** ＊防衛装備品等の海外移転に関する基準（平成23年）により包括的に例外化	**防衛装備移転三原則**
禁輸対象	**【三原則】** 次の場合には武器の輸出は認めない ①共産圏諸国向けの場合 ②国連決議により武器等の輸出が禁止されている国向けの場合 ③国際紛争の当事国又はそのおそれのある国向けの場合	**【原則１】** 移転を禁止する場合を明確化し、次に掲げる場合は禁止 ①我が国が締結した条約その他の国際約束に基づく義務に違反する場合 ②国連安保理の決議に基づく義務に違反する場合 ③紛争当事国への移転となる場合
移転を認める条件	21件の例外化措置に該当する場合（これまでの例外化の事例） • 平和貢献、国際協力 • 国際共同開発、生産 • F35の製造等への国内企業の参画 • 国連南スーダン共和国ミッションに係る物資協力 • 物品役務相互提供協定（ＡＣＳＡ）に基づく移転 ＊「武器輸出三原則によらない」として例外化することにより移転可能。例外化に特段のルールはない。	**【原則２】** 移転を認め得る場合を次の場合に限定し、厳格審査 １　平和貢献・国際協力の積極的な推進に資する場合 ２　我が国の安全保障に資する場合 • 国際共同開発、生産の実施 • 安全保障、防衛協力の強化 • 自衛隊の活動、邦人保護に不可欠な輸出 ＊国の安全保障政策として積極的意義がある場合に限る **【原則３】** 目的外使用及び第三国移転について適正管理が確保されている場合に限定

みを追うならば、この規制対象品目は核不拡散条約、生物兵器禁止条約、化学兵器禁止条約やワッセナー・アレンジメント（前身の対共産圏輸出統制委員会）における規制対象とリンクしていたことに着目しておきたい。

そこでは対象となる品目は適時追加され、武器の不正輸出における罰則は外為法によって三年から五年の懲役と科料が科せられることになった。なお、「輸出貿易管理令」では武器だけでなく、武器製造に使用されると見込まれる関連設備も規制の対象とされた。日本における武器輸出と言う場合、この関連設備が主に取締の対象となり、事件化するケースが目立った。軍需と民需の相互互換性（デュアルユース）の問題や、規制の実態が輸出企業や業者に理解しづらい側面も事件が起こる背景にあったことは否定できなかった。

既述した通り、一九六七年、佐藤栄作内閣期に共産圏諸国及び紛争当事国への武器輸出が禁止され、また、一九七六年の三木武夫内閣時には、武器輸出禁止が原則とされたことはすでに述べた通りだ。そこでは、三木首相は国会答弁で「武器輸出を慎む」との表現で輸出の可能性に含みを持たせた点についても触れたが、条件次第では「慎む」方針を限定的に解除可能とする意図を含み込んだことに注目しておきたい。この曖昧な表現は、条件次第では「慎む」という自制の方針を恣意的かつ自在に解除可能とする思惑が秘められていたのである。

本章の最後に通産省の公式ＨＰで公表されている「武器輸出三原則」と「防衛装備移転三原則」の違いを示した資料の一部をあらためて表示しておいた**【表6】**。現在においては、武器輸出規制の空洞化が何を根拠として進められたかが明らかである。

第三章
空洞化する武器輸出規制

武器生産が軌道に乗り始めるに従い、武器生産体制を確立するため、軍需産業界は武器輸出への志向を強めていく。日本政府も軍需産業界からの強い要請を受け、対応に迫られる。その一方で武器輸出問題が政治問題化し、世論の関心を集め始めると、政府は武器輸出規制の方針を打ち出さざるを得なくなる。しかし、武器輸出に道を切り開こうとする軍需産業界と政府との関係は、規制方針をめぐり軋轢を繰り返す。ただ全体の方向性では、政府と企業は一定の連携を図り、武器輸出へのソフトランディングを試みる。

本章では武器輸出の推進と禁止をめぐる二項対立と、政府と企業との軋轢と調整という事態の繰り返しのなかで、どのように決着を付けようとしたか検討する。先ずは武器輸出を強行しようとした軍需産業界と、規制強化で対応しようとする政府・監督官庁側との、攻防の一端を追うことから始めたい。

1　武器輸出の歯止めと相次ぐ違反事例

武器輸出禁止法案の国会提出

一九六七年に政令運用基準として扱われてきた「武器輸出三原則」は、実質上の武器輸出規制に不十分極まりないものであった。それで武器輸出推進派からすれば、輸出促進の足枷と捉えられ、反対に武器輸出の規制及び禁止を徹底しようとする武器輸出反対派からすれば、その実効性に大きな疑問が寄せられていた。

そうしたなかで、政令ではなく、法律によって武器輸出に規制をかけようとする法案が公明党と日本共産党の二党から七〇年代と八〇年代に国会へ提出された。どちらも法制化に至らなかったが、法案提出前後の与野党の攻防を概観しておきたい。

「武器輸出三原則」の限界性が段々と露呈してくると、野党は武器輸出禁止を法的に担保するための法律を提案するに至る。その先鞭をつけたのは、自らを平和の党と自負する公明党であった。

先ず公明党が、一九七二年五月一四日に「兵器輸出の禁止に関する法律案」を国会に提出する。同法案の第三条には、「何人も兵器を輸出してはならない」と明記され、他国との共同研究や共同開発を制限する内容となっていた。武器生産はともかく、武器輸出を事実上禁止するに等しい案文であった。

兵器（武器）の定義については、「武器等製造法の規定する武器、戦闘用艦艇、戦闘用航空機、戦闘用車両等につき政令で規定するもの」（第二条案）とし、「武器輸出三原則」で定義された「武器」と比べて極めて限定した品目を対象とするものであった。この場合、汎用性の高い「武器」は対象外となり、輸出承認を得る可能性もあり得た。逆に言えば、限定することで民需品と軍需品の切り分けが困難な品目については、十分な検討が担保されないことを意味した。なお、同法案は審議未了で廃案となった。

公明党案が提出されて一〇年後の一九八二年四月二八日、今度は日本共産党が、「武器その他の軍用機器の輸出等の禁止に関する法律案」を国会に提出した。同法案の第三条において、「何人も武器等又は武器等製造設備を輸出してはならない」と明記する一方で、「武器等又は武器等製造設備を外国において修理し、又は加工してこれを再輸入する目的で輸出する場合」、また、「品質又は数量等が契約の内容と相違するため、輸入された武器等又は武器等製造設備を返送する目的で輸出する場合」は、これを例外として輸出承認するとした。

前段の場合、最終的に外国への武器輸出を認めるのではなく、自衛隊装備品として国産武器や武器製造設備の修理を目的とする武器移転は規制の対象外とすること、後段の場合、書類上不備のあった武器及び武器製造設備に限り、返却を目的とする輸出は規制の対象外とするとの意味に受け取れる。

なお、武器等の定義については、「輸出貿易管理令」の別表第一の一の項に概ね準拠したものとなっている（第二条案）。また、同法案には外国為替法の改正も挙げられており、同法案第二五条では、「特定汎用品等」を新たに定義し、「武器等及び武器等製造設備以外の物のうち、車両、電子機器その他機械器具又は装置であって、軍隊に供され得るものであり、かつ軍隊の行動等において、重要な役割を果たし得るものと認められるものとして政令で定めるもの」とし、「特定汎用品等が軍隊の用に供されないことを証する書面を提出しなければならない」と規定されていた。

ここでは汎用性が高いことを理由にして、本来最終的に「武器化」される可能性のある部品について、これに厳しく規制をかけるとするものである。そのため汎用性の高い品目については、輸入先で「武器」に転用されないことを証明する文書提出を義務づけるとした。具体的に「特定汎用品」がどのような部品を示すか不透明ではあるが、「汎用性」を理由に武器輸出を図ってきた経緯を踏まえて判断が示された法案とも言える。なお、法案は審議未了で廃案となった。

堀田ハガネ事件が引き金

日本共産党の法案提出の契機として、前年の一九八一年一月に起きた堀田ハガネ事件があった。大阪の商社堀田ハガネが通産省の承認を得ずに半製品の火砲の砲身を韓国に輸出していたことが発覚した事件である。政府としても再発防止の世論の動きを受け、「政府は、武器輸出について、厳正かつ慎重な態度をもつて対処すると共に制度上の改善を含め実効ある措置を講ずべきである」とする決議を衆議院（一九八一年三月二〇日）、参議院（同年三月三一日）で可決する。

この決議をめぐり与野党間で対立が先鋭化する。日本社会党は、同決議は立法府の意思を表明したものと位置付け、武器輸出への厳しい規制を宣言したものとする一方、政府は規制への努力をするとしたのであり、輸出禁止まで踏み込んだものでない、と解釈するとの姿勢を採った。決議はあくまで規制措置の見直しと強化を約束したものである限り、武器輸出に結果するとの解釈は困難であるところから、日本共産党は先に示した武器輸出禁止を法律で確定する方法を提案したのであった。

これに対して、当時の中曽根康弘内閣は、対米武器輸出技術供与のための「武器輸出三原則」の適用について、国会決議は武器輸出を規制するものでないとの判断を表明する。そこではとりわけ日米安保条約が法律である限り、その運用を損ねる形での武器輸出規制は現実的でない、とする判断を示したのである。単純化して言えば、国会決議が日米二国間の条約を凌駕することはあり得ないとする判断を示すことで、特に武器輸出先として最有力国であったアメリカとの武器移転については、既存のルールに従いながらも、是非を判断していくとしたのである。こうして国会決議も、必要とあれば事実上スルーするとの立場を念押しする姿勢を明らかにもしていた。[47]

対米武器技術供与

日本の武器輸出入（武器移転）に極めて重要な位置を占めるのが、次々に取り決められた日米間の協定などであった。古い順に言えば、先ず一九五六年三月二二日に締結された日米間の技術移転協定がある。通称、「日米技術協定」とか「日米防衛特許協定」と言われるものである。[48] 具体的には日米間における軍事関連特許の秘密保持に係る条約であり、いわゆる秘密特許に関して、文字通り秘密保持が義務付けられた。その場合においては、あくまでアメリカの軍事技術の秘密保持が最大の目的であり、アメリカの武器を日本が輸入する場合、その高度技術の秘密保持の厳格性を求める根拠とされるものであった。*49

アメリカは同様の協定をオーストラリア、ベルギー、デンマーク、フランス、ドイツ、ギリシャ、イタリア、オランダ、ノルウェー、ポルトガル、スペイン、トルコ、イギリス等の諸国とも結んでいる。要するに、これらの諸国はアメリカの武器輸出相手国である。技術協定は当初、締結自体に意義が求められたこともあって、具体的な実施要項は不在の儘(まま)であったが、一九八八年四月に手続き細則が整備されることになる。

この問題に関連しては、日米関係では一早く「対米武器技術供与」の内容が、一九八三年一一月八日に署名された交換公文で取り交わされ、その結果、日本のアメリカ向け軍事技術の輸出が容認された。細目の取り決めは一九八五年一二月である。

それで少し長いが「対米武器技術供与に関する交換公文」の概要を以下に記しておく。

「対米武器技術供与に関する交換公文」

1　日本国政府は、この了解の実施のために締結される細目取極に従い、米国の防衛能力を向上させるために必要な武器技術であって2により決定されるものの米国政府等に対する供与を、関係法令に従って承認する。（第1項）

2　この了解の実施に関する日米両政府間の協議機関として、日米の国別委員部からなる武器技術共同委員会（ＪＭＴＣ）を設置する。日本国側委員部は、米国側委員部から受領した情報及びＪＭＴＣにおける討議に基づき、日本国政府が供与の承認を行うことが適当である武器技術を決定する。（第2項）

3　この了解の実施のための細目取極は、両政府の権限のある当局の間で締結される。（第3項）

4　この了解は、供与される援助につき、(イ)国連憲章と矛盾する使用の禁止、(ロ)目的外使用の禁止、(ハ)事前の同意なく第三国政府等に移転することの禁止等を規定する相互防衛援助協定等に従って実施される。（第4項）

5　米国政府は、日本国において定められている秘密保護の等級と同等のものを確保する秘密保持の措置をとることに同意するとともに、武器技術の供与に関連して米国において課されることのある租税等を免除する。（第5項）

要するに、日本の武器輸出を「対外軍事売却プログラム」を設定することで着実に実行しようとし、そこでは法律や原則に従って、首相及び監督官庁の強い権限の下で確実に実績を挙げていくことが意図されていた。日本政府及び監督官庁は、武器輸出に厳しい規制を設けようとし、場合によっては法律で禁止する姿勢を見せる野党の輸出制限あるいは反対を求める声や世論の批判を事前に回避するために、その都度武器定義や輸出容認の原則を改変してきた。実はその方向性は現在まで続いている。

事実、一九七八年から一九八三年までの間、日本政府は一貫してアメリカへの武器技術売却のための方法を検討してきた。その結果もあって、「対米武器技術供与に関する交換公文」に行き着いたのである。

要するに以上の内容は「武器輸出三原則」も新たに改正された新武器輸出三原則の例外としてアメリカに対して武器技術の提供が公認されることを意味したものであった。[*50] この交換公文によって、対米武器移転の可能性が大きく膨らむことが予測され、軍需産業界及びこれを支持する保守政党や政治家たちは大いに歓迎するところとなった。一方野党は、この交換公文が武器輸出への道を大きく切り開く危険性を強く世論に訴えかけるところとなった。しかし、反対世論の動きはあまり起こらなかったというのが現実である。

こうして交換公文は、詰まるところ日本が有する武器生産技術や防衛装備の輸出に制限を加えるものでない、とする日本政府の指針をアメリカを含め、国際社会に発信する結果となったのである。もっとも日本は武器を輸出しないという政策を採っているにもかかわらず、一九七七年から一九八三年までの期間内に武器、非致死的軍事装備品、デュアルユース装備品を含む日本の対外軍事売上高は、年平均一億ドルに達していたとされる。[*51]

日米間に締結された技術移転協定は、その前の二〇〇六年六月二三日に「日本国とアメリカ合衆国との間の相互防衛援助協定に基づくアメリカ合衆国に対する武器及び武器技術の供与に関する交換公文」として改めて締結、日本政府は同様の内容でイギリス、オーストラリア、フランス、インド、フィリピン、イタリア、インド、マレーシア、インドネシア、ベトナムなどと相次いで締結し、二〇二四年四月現在で締結国は一五カ国に及んでいる。

顕在化する日本政府の積極支援

こうした動きのなかで日本政府の姿勢はどのようなものであったのか。

一九八〇年代における武器移転史において注目点は、武器自体の輸出だけでなく、むしろ日本の武器生産技術のアメリカへの供与の問題がクローズアップされてくる。この問題の契機となったのは、一九八三年一月一四日に公表された中曽根康弘内閣の後藤田正晴(ごとうだまさはる)官房長官の「対米武器技術供与についての内閣官房長官談話」であった。非常に重要な日本の広義における武器輸出への踏み出しを決定づけた談話であり、これも少々長いが重要な談話なので全文を引用しておきたい。

「対米武器技術供与についての内閣官房長官談話」

一昨年(一九八一年)六月以来米国政府から日米間の防衛分野における技術の相互交流の要請があり、その一環としての対米武器技術供与の問題について政府部内で慎重に検討を重ねてきた結果、このたび、次の結論に達し、本日の閣議において了承を得た。

1　日米安保体制の下において日米両国は相互に協力してそれぞれの防衛力を維持し、発展させることとされており、これまで我が国は米国から防衛力整備のため、技術の供与を含め各種の協力を得てきている。近年我が国の技術水準が向上してきたこと等の新たな状況を考慮すれば我が国としても、防衛分野における米国との技術の相互交流を図ることが、日米安保体制の効果的運用を確保する上で極めて重要となっている。これは、防衛分野における日米間の相互協力を定めた日米安保条約及び関連取極の趣旨に沿うゆえんであり、また、我が国及び極東の平和と安全に資するものである。

2 政府は、これまで武器等の輸出については武器輸出三原則（昭和五一年〔一九七六年〕二月二七日の武器輸出に関する政府方針等を含む。）によって対処してきたところであるが、上記にかんがみ、米国の要請に応じ、相互交流の一環として米国に武器技術（その供与を実効あらしめるため必要な物品であって武器に該当するものを含む。）を供与する途を開くこととし、その供与に当たっては、武器輸出三原則によらないこととする。この場合、本件供与は日米相互防衛援助協定の関連規定に基づく枠組みの下で実施することとし、これにより国際紛争等を助長することを回避するという武器輸出三原則のよって立つ平和国家としての基本理念は確保されることとなる。

3 なお、政府としては、今後とも、基本的には武器輸出三原則を堅持し、昭和五六年〔一九八一年〕三月の武器輸出問題等に関する国会決議の趣旨を尊重していく考えであることは言うまでもない。

要約して言えば、アメリカから日本に武器生産技術の供与を求める強い要請があったので、対アメリカへの武器技術供与には積極的に対応するとし、アメリカ以外の国・地域には「武器輸出三原則」を堅持し、同時に厳格な輸出規制をする、という二本立てで行くとする内容である。

対米武器輸出には、「武器輸出三原則」という規制条件を適用しないことを明確化した。その背景には日米安保条約を基本原則とする対米従属性が指摘可能だ。しかし、日本の軍需産業界にとっては好ましい事態であった。

もっともアメリカへの武器輸出は、すでに開始されており、相当の実績をも積んでいた。この場合、再三紛争当事国となっていたアメリカに日本の武器が本体であれ部品であれ、また技術であれ一括して武器移転が大胆にも遂行されることを、あらためて宣言した内容となっていたのである。

武器供与の例外規定

アメリカは戦後一貫して紛争当事国となってきた。アメリカの一頭地を抜く巨大な軍事力と世界中に展開する軍事基地や日本、韓国、ドイツなどの同盟国との強い連携のなかで、戦争発動によってアメリカ主導の国際秩序を保ち、覇権主義を貫徹してきた戦争国家であり続けた。そのアメリカに向けて、日本が武器供与という名の武器輸出・武器移転を一段と強化することの意味は頗る大きい。当然にこの日本政府の方針には、国の内外から疑問と批判が寄せられることになる。

それに対応して「対米武器技術供与についての内閣官房長官談話」を発する。そこでは日本とアメリカとは安保条約を締結している関係から、アメリカ向け武器技術供与は例外として位置づけたのである。これでは武器輸出規制が政治的な思惑のなかで如何様にでも緩和されることになり、武器輸出の拡大に歯止めのかけようのない実態が明らかとなるばかりであった。

この官房長官談話を踏まえて対米武器技術供与は、日米相互防衛援助協定の規定に従って実施する基本的枠組みを設けた「日本国とアメリカ合衆国との間の相互援助協定に基づくアメリカ合衆国に対する武器技術の供与に関する交換公文」が、一九八三年一一月八日に締結される。翌年の一九八四年一一月には、日米両国の協議機関として武器技術合同委員会（ＪＭＴＣ）が発足する。さらに一九八五年一二月二七日になって、「対米武器技術供与を実施するための細目取り決め」が締結された。

本来、「武器輸出三原則」では、紛争当事国への輸出許可は出さないことが建前であった。しかし、対米輸出は例外として取り扱われる実態が定着していく。ここに技術供与をも含めた対米武器輸出が常態化することになった。

2　外圧としての装備拡充

日米ガイドライン

一九八〇年代に入る直前、日本の防衛政策の一大転機となる「日米防衛協力の指針」（以下、日米ガイドライン）が一九七八年一一月、日米防衛協力小委員会により策定公表された。日米ガイドラインは、ソ連の侵攻に対応可能な防衛力の構築を目途として正面装備の拡充を実施しようとするもので、アメリカの圧力によって日本の軍拡が本格化していく起点ともなった。

その内容は、一九七八年（昭和五三年＝五三）から向こう五年間の中期業務見積り（五三中業）のなかで具体的に示される。中業は自衛隊の軍備計画だが、防衛計画の大綱に従い防衛庁（後、防衛省）の内部における計画であって、国防会議を経て閣議決定されたものではない。言うならば、防衛庁の内部資料に過ぎないものであった。しかし、ここに示された装備計画が実体化していくのである。

こうしたことが慣行となっていくのは、一九七七年四月、「防衛諸計画の作成等に関する訓令」（一九七七年防衛庁訓令第八号）を制定し、「中期業務見積り」という防衛庁内部文書の作成からである。五三中業（一九八〇年四月〜一九八四年三月）の事業総経費は、総額一八兆四〇〇〇億円に達する。当時にあって、大型の防衛力整備計画、すなわち大軍拡計画であった。

日米ガイドラインでは、「侵略を未然に防止するための態勢」と「日本に対する武力攻撃に際しての対処行動」において、日米両国が対処行動を円滑に履行するための方法・手順を定めたものであった。事実、日米ガイドラインに従う形で、例えば陸自第七師団（北海道東千歳駐屯地）の機甲師団化が進められ、一九八一年三月二五日に自衛隊全一三個師団のなかで唯一の機甲師団となった。海自も沖縄航空隊を第五航空群に改編し、空自も一九七六年九月六日に起きたソ連空軍のベレンコ中尉函館空港強行着陸事件を契機に、低空侵入を警戒する目的もあり、警戒航空隊を新設するなど装備の飛躍的更新や組織・装備の近代化が次々に図られていった。

主な計画調達量を挙げておけば、陸自では戦車約三〇〇両、自走火砲約一八〇門、装甲車約一一〇両、各種ヘリコプター一一五機、海自では護衛艦一六隻、潜水艦五隻、各種艦艇三九隻、対潜ヘリコプター五一隻、掃海ヘリコプター六機、空自では支援戦闘機一三機、輸送機一二機、高等練習機二三機などである。これの装備拡充を急ぎ進めようとした背景には、ソ連脅威論を理由とした、日米防衛協力の実態的展開があった。

すなわち、日米当局はソ連の北海道侵攻を阻止するために陸海空三自衛隊の侵攻阻止作戦から反撃作戦の発動、これに加えて岩国基地に駐屯するアメリカ第一海兵航空団、横田に駐屯する第五空軍、横須賀港を母港とする第七艦隊、沖縄に駐屯するアメリカ第三海兵師団との共同作戦構想が具体化され、演習計画も実行に移されていく途上にあった。

日米共同作戦は、一九七〇年代から八〇年代にかけて、非常に細部にわたる演習計画が練られ、備蓄した砲弾や魚雷、燃料や食糧に至るまで実際の備蓄量の算定から、それらを必要な場所に運搬する手段確保に至るまで仔細を極めた。

こうした実戦型の自衛隊組織と自衛隊装備の拡充装備は、自ずと武器生産とアメリカからの武器輸入の質量を飛躍的に高める結果に繋がっていった。ここで日本の軍需産業の先駆的研究の一つしてあげられる鎌倉孝夫『日本の軍事化と兵器産業』所収の「53中業進行状況」**【表7参照】**から引用しておく。*52

次の「五六中業」(一九八三〜一九八七年)では、「五三中業」を上回る装備拡充が目立つ。ここでの内容で主要装備の購入総額は実に五兆円規模に達するものであった。防衛費の増大のため、それ

表７　「53 中業進行状況」

主要装備	79 年度 完成時	中業 見積り 80-81 年度	80 年度 予算化	81 年度 予算化
陸自				
75 式 155 ミリ自走榴弾砲	71 門	140	26	30
203 ミリ自走榴弾砲	0	43	0	6
74 式戦車	273 両	301	60	72
73 式装甲車	93 両	44	9	9
観測ヘリ OH-6D	22 機	55	10	8
多用途ヘリ HU-1H	60 機	42	5	5
連絡偵察機 LR-1	13 機	6	2	1
短ＳＡＭ	0 基	24	0	6
海自				
ミサイル搭載護衛艦 DDG	4 隻	2	0	1
護衛艦 DD（2900t）	11 隻	10	2	2
護衛艦 DE（1400t）	17 隻	4	1	0
潜水艦	14 隻	5	1	1
中型掃海艇	31 隻	11	2	2
対潜哨戒機Ｐ３Ｃ	8 隻	37	10	0
対潜ヘリ HSS-2B	16 隻	46	3	6
空自				
戦闘機 F-15	23 機	77	34	0
支援戦闘機 F-1	57 機	13	3	2
早期警戒機 E-2C	4 機	4	0	4
輸送機 C-130H	0	12	0	2
高等練習機 T-2	69 機	23	4	6
短ＳＡＭ	0 基	12	0	4

までのGNP一パーセント枠の見直し議論が始まりもした。防衛費増額の理由の説明としては、極東有事が生起した場合、日本は二カ月間は独力で戦闘継続を担える防衛力を構築すること、宗谷・津軽・間宮の三海峡封鎖能力を構築すること、韓国防衛責任の一環としての対韓経済援助を拡大すること、アメリカの中東防衛を補完する対中東経済援助を拡大すること、などが挙げられた。いずれもアメリカのソ連封じ込め戦略の枠組みでの防衛装備の拡充である。現在における中国封じ込め戦略と同質の措置である。

そのために二〜三カ月の継戦を担保可能とするミサイル・魚雷・砲弾・燃料などの備蓄、F15イーグルを従来の一〇〇機体制から二〇〇機（一四個飛行隊）、早期警戒機E2Cホークアイを八機から一六機（二個飛行隊）、ミサイル護衛艦を六〇隻から七〇隻、対潜哨戒機P3Cオライオンを四五機から一二五機へと飛躍的な増強が計画された。これらはアメリカの強い要請を受けての措置であり、これらの装備を日本に購入させる意図があったのである。

こうした過剰なまでの兵器購入要求に日本は財源確保の問題と、日本の軍需産業の自立化を遅らせるとする産業界の認識が示される契機ともなった。軍需産業界は自衛隊の装備拡充計画を武器生産の自立化の機会と見なしていたのである。この結果、一九八〇年度の発注見込み額は、九五四五億円と前年度の五割増し近くまで増え、一兆円の大台に届くところまできた。

確かに「軍需生産の工業生産における比重」**【表8参照】**で分かるように、航空機と武器弾薬で九〇パーセント前後を占めてはいるが、合計では〇・三八パーセントで軍需生産額は五八一九億円である。航空機は二二三九億六五〇〇万円、武器弾薬が七一五億二四〇〇万円となっている。このなかで比較的少なめに見える船舶（二・四八パーセント）は、その後急速に比率を伸ばし、二年後の一九七九年度では九・九パーセントと、一割近くまで伸びている。

一九八〇年段階で数多の軍需関連企業のなかで純粋の意味での武器を生産する企業は二一社となっている。また、防衛庁との間で発注・受注、換言すれば調達・納入を行う有資格企業数は製造業者一四五二社、販売業者七二二社の合計で二一七九社となっている。[*53]

表８　軍需生産の工業生産における比重（1980年）

	軍需生産額（百万円）	工業生産中の軍需の比率（％）
船　舶	76,922	2.48
航空機	233,965	88.37
車　両	9,358	0.06
武器弾薬	71,524	99.80
電気通信機器	85,970	0.56
石油製品	33,186	0.42
石　炭	1,470	0.65
繊維製品	6,306	0.07
医薬品	1,732	0.08
糧　食	28,702	0.16
その他	42,819	0.05
合計	581,956	0.38

『一九八三年度版　防衛白書』

一九八三年度版の『防衛白書』の「第三部　わが国防衛の現状と課題　第一章第三節　装備品等の調達と防衛生産」の項目に、軍需生産の拡充を説く下りがある。そこには、自衛隊自体がかつての旧陸海軍のように官営の軍工廠を保持しておらず、それゆえに、「わが国の防衛力の物的側面における整備は、基本的にはわが国の産業の力を基盤としているといえよう」[*54]と記されたように、防衛力装備充実には日本の産業力に依存せざる得ない現実を指摘している。

問題は防衛庁（省）から発注を受けて武器生産する場合、企業側が利益の安定確保を図る術をどこまで確保可能かである。発注元が国・防衛庁であれば支払の確実性は担保されるとしても、一過性の発注に留まった場合、開発の時間や巨額の設備投資ゆえに、どの程度まで利益確保が可能かが軍需産業にとっては、何に増しても悩ましい課題であり続けた。

習得した軍事技術の民需への転用や国との太いパイプは、企業側にとってもプラス材料とはなり得るが、武器生産と武器輸出に係る企業イメージや国際政治の変容によっても、国からの発注量や質が変化する流動性の高いものであること、武器が高度化するほど受注企業が絞られてくること、など課題は実に多いことも確かである。

ところがそうした課題や懸念が払拭される事態が、一九八〇年代に現れた。それは、いわゆるソ連脅威論として喧伝されたように、アジア地域における軍事的緊張の表面化であり、アメリカとの同盟強化を最重要課題と位置付け、日本をしてアメリカの「不沈空母」となると発言した中曽根康弘内閣の成立である。

軍需産業への参入

中曽根内閣は、まさに軍需産業が本格起動する時代と一致する。アメリカとの事実上の軍事同盟である日米安保条約の一層の具体化と、それを下支えする軍需産業界の新たな動きである。そこでは新たな兵器群が次々と出現する。そのなかで主要な軍需産業と防衛装備品の種類を書き出しておこう。

日産自動車（日産）は、ロケット部門に高い技術を保有していることで知られており、その技術力を活かして空対地ロケット弾、三〇型ロケット榴弾などの生産を手掛ける。またモーター技術も優れているとされ、短距離地対空ミサイルのモーター、ホークミサイルのモーターなどを生産している。空対空ミサイルのサイドワインダーやスパローのライセンス生産では、すでにアメリカ以外の国でも実施されていた。

ソニー製のCCD（電荷結合素子）を用いたミサイルの目となる超小型カメラが、軍事利用として注目されたのも八〇年代に入ってからである。また、ベトナム戦争で多用されたアメリカ軍のスマート爆弾の頭部にソニーのテレビが使用された。

また東京電気化学工業（TDK）は、開発したフェライト入り塗料がアメリカのステルス爆撃機に使用されていることも、現在では周知の事実となっている。民需品として開発されたフェライト塗料は武器輸出原則で示された「武器及びその関連品目」に相当しないとする理由から、輸出承認は不要と判断されたのである。その結果、アメリカ国防総省宛にサンプルとして輸出された。本来汎用性の高いフェライト塗料であったが、最終的にはステルス爆撃機に使用されたことを確認しておかなければならない。それが、日本の工業技術が現代における最先端のステルス爆撃機を登場させたのである。

日本最大の軍需企業である三菱重工業は、現在も多種の防衛整備品を防衛省に納入している。そのなかで一九八〇年代において注目されたのが、地対艦誘導ミサイル（XSSM1）である。防衛省は、当時から誘導ミサイルと称しているが、紛れもなく巡航ミサイルである。当時アメリカには巡航ミサイルの代表格としてトマホークがあった。亜音速だが、防空システムを無力化を図るべく超低空飛行が可能であり、攻撃対象を確実に破壊可能な性能を有するとされる。

日本の軍需産業が安定した武器生産と武器輸出を確保するためには、アメリカの軍事戦略に呼応して汎用性の高い工業製品を次々と開発し、武器に転用可能な製品の開発により、最終的には確実な利益保障を得られることを会得していくことである。そうした軍需産業の利益構造を担保するものこそ、日米同盟体制の継続と強化であった。結局のところ日米同盟の強化は、武器輸出と武器輸入、すなわち武器移転の活発化を促すものであったのである。

第四章
国際武器管理体制の実相

ポスト冷戦の時代に入り、日本の武器輸出政策は大きな変容期を迎える。武器輸出市場の拡大に伴い、国際社会では日本を含めて武器生産国が増大し、熾烈な武器市場の争奪戦とも言える状況が出現する。現実には武器市場は特定の国家により事実上の寡占状態が続くが、九〇年代から二〇〇〇年代に入ってからは、武器輸出市場に積極的に参入する国家が利権確保に奔走する。無制限な武器輸出市場の争奪戦を受けて、国際社会では武器輸出管理体制の提案と導入が開始される。武器市場の拡大の可能性を背景に、日本の軍需産業界や民間企業も防衛装備品と呼称される完成品ではない準武器とカテゴライズされる製品の海外輸出を試みる。その結果、多くの輸出品がココム違反に問われ、貿易管理令などに違反するとして摘発されるケースも目立った。

これを国際武器移転の観点から、輸出管理体制の進展状況を概観しつつ、武器生産と武器輸出が一段と活発化する内外の現状を追っておきたい。

1　武器管理体制の実相

一九八〇年代の武器生産

武器生産と武器輸出とが日米安保体制によって担保されるという実態は、すでに一九八〇年代からクリアにされてきた。それで、ここでは一九八〇年代前後における日本の武器生産について概観しておきたい。

この時期は、自衛隊の装備において国産化が急速に進む時代であった。その主な装備品とメーカー名を列挙しておく。要するに武器生産の実態の一部である。

先ず最大の軍需企業として以後も不動の地位を占めることになる三菱重工業が、Ｆ１支援戦闘機とＴ２高等練習機、富士重工がＴ３初級練習機、川崎重工がＣ１輸送機、石川島播磨重工業（現在のＩＨＩ）がＪ３ジェットエンジンを生産している。

また三菱造船を中心とする五社合同で二九〇〇トン級護衛艦（船体のみ）と、三菱重工と川崎重工の合同で二二〇〇トン級潜水艦、日本鋼管などが掃海艇、日立造船などが魚雷・機雷、豊和工業が六四式小銃、三菱重工が七四式戦車、日産が七三式多連装ロケット弾、日本製鋼などが大口径大砲、日立が七〇式自走浮橋、川崎重工が六四式ＭＡＴ（missile anti-tank）対戦車ミサイルや七九式ＭＡＴ、三菱重工がＡＳＭ－１空対艦ミサイル、三菱電機や日本電気がレーダー類などの装備品を生産している。六四式MAT対戦車ミサイル（対戦車誘導弾）も第二次世界大戦後に日本が初めて開発したもので、第一世代の有線での誘導弾である。以後七四式から八六式と改良が加えられていく。

このうち、J3ジェットエンジンは、石川島播磨重工業を中心に富士重工業、富士精密工業、三菱重工業、川崎重工業が共同出資して設立した日本ジェットエンジン（NJE）の開発製造した国産エンジンである。日本最初の国産化エンジンは通称「ネ20」によって開発されたターボジェットエンジンである。

因みに、「ネ20」の「ネ」とは、「燃焼噴射推進器」の頭文字である。国内開発の自力飛行するJ3ジェットエンジンはターボジェットエンジンとして、「ネ20」に継ぐもので、二四七基が生産されている。

また、陸自の主力兵器で現役の主力戦車である七四式戦車が搭載する一〇五ミリ砲こそ、イギリスのロイヤル・オードナンス社製五一口径ライフル砲L7A1を日本製鋼所がライセンス生産したものだ。それ以外の大方が国産であった。もちろん、国産の定義も一様でなく、高度技術の武器であるほど依然として主にアメリカの技術のライセンスを取得して対応するのが通常であった。

しかし、一九五〇年代から開始された武器生産の発展のなかで、同時に国産化率も高くなり、それとともに軍需産業への一般企業の参入も増え、まさに軍需産業も裾野は広がっていった。その過程で設備投資が不十分なことなどから予測した利益を確保できず、撤退した企業も決して少なくなかった。

武器生産の飛躍的向上

この時代、武器生産の製造技術の飛躍的な向上が顕著な時期であった。戦車も第一世代の六一式戦車から、世界水準に大きく近づいたと評される七四式を主力とし、一九七〇年代後半までにおよそ二六〇両が生産され、価格は一両約三億三〇〇〇万円であった。当初、七四式戦車の後継車として八八式戦車が開発予定であったが、最終的には九〇式戦車として製造・納入された。車体と砲塔は三菱重工業、一二〇ミリ滑走砲は日本製鋼所が担当した。

一九九〇年から配備が開始され、第三世代の主力戦車として、一両約八億円、総計で三四一両が生産され、第一世代の戦車六一式、第二世代の戦車七四式に次いで第三世代の戦車として配備が進められた。

さらに空自では次期戦闘機（ＦＳＸ）に関連して、三菱重工業が防衛庁からの開発委託を受けて国産戦闘機Ｆ１を完成させ、一九八〇年三月末までに三九機、その後に後継機のＦ２の配備が進められた。二〇〇六年三月九日に全機が退役するまでに合計で七七機が製造・納入された。

Ｆ１、Ｆ２は支援戦闘機と通常称されるが、実質は戦闘爆撃機として生産・運用され、空自の主力国産軍用機の一翼を担った。主な武装として国産の八〇式空対艦誘導弾（ＡＳＭ－１）を搭載可能な機種であった。

ＡＳＭ－１は、一九八〇年から順次、航空自衛隊に配備が進められ、主な契約企業は三菱重工業と川崎重工業だった。開発費には、一一三億円が投入された。別称でシーバスターと命名されたASM－1は、一九八八年から配備が開始され二〇〇〇年までに合計で一〇二基が製造・納入されている。

自衛隊の主力輸送機はアメリカ・ロッキード社製のC130ハーキュリーズに関しても国産化の動きが本格化するが、一九七〇年代に国産のC1輸送機が開発され、合計で三〇機が製造・納入された。その後も後継機として同じく国産のC2が開発・製造され納入されている。

一九八〇年代初頭頃から主力装備を支える国産の自動操縦装置、ミサイル誘導装置、火器管制装置など高度なコンピューターシステムが次々に開発され、軍需技術の高度化に拍車がかけられた時代でもあった。

同時に欧米諸国の軍事技術をも習得しつつ、日本独自の技術が編みだされていった。一例を挙げれば、日本電気の小型地対空ミサイルSAMの開発が開始された。これは一九七九年に研究開発が開始され、それまで使用していたアメリカ製のスティンガーミサイルの後継として開発されたものであった。最終的には、一九九一年に正式採用された九一式携帯地対空誘導弾として製造・納入された国産武器となった。略称は「携SAM」ハンドアローと呼んだ。

また、重火器や砲弾など狭義の武器以外に、ヘルメットや防弾チョッキなどもある。それ自体には、殺傷能力を有しない広義の武器の範疇に入れてよい装備に自動防空警戒管制装置（バッジシステム）の開発運用がある。バッジシステムは、一九六九年から運用が開始され、技術の高度化に対応して、一九八一年度中に開発費のなど約三〇〇〇億円の費用が投じられた。

武器輸出事件と武器輸出三原則をめぐる攻防

一九七〇年代から八〇年代にかけて武器生産が活発となると、それに比例して武器輸出を目指す軍需産業界の動きも勢いを増していた。そこでは日本の優れた軍事関連技術のアメリカへの提供という形式を採った事実上の武器輸出の範疇で把握できる問題と、それと呼応する格好で日本国内の軍需産業界の武器輸出への渇望という事態が表面化し、それが事件化するケースが目立ち始める。武器輸出規制が厳しかった時代であったればこそ生じた事例だが、それゆえに規制緩和の必要性を説く見方も少なくなかった。同時に国内世論として、武器輸出禁止の実効性を担保するための方法についての議論も活発となった時代である。

一九八一年一月、大阪の特殊鋼商社が通産省の許可を得ないまま、韓国の大韓(テハン)重機工業に榴弾砲や迫撃砲の砲身六〇〇門と大砲部品とを合わせて、合計で三〇〇〇点を輸出していた事実が読売新聞によってスクープされた。[*55] 前章でも取り上げた堀田ハガネ事件である。その後においては、これら半製品＝準製品だけでなく、戦車の装甲板（アーマープレート）をも韓国に輸出していたばかりか、イギリスのビッカース社に七四式戦車が搭載する一〇五ミリ砲の砲尾環[*56]と駐退複座機構をも技術輸出（＝武器移転）したと報道された。

この事件を受けて、武器輸出問題が大きくクローズアップされてくる。これに反発や不安を抱く世論の動きを受け、野党が国会で問題を追及した。

一九八一年一一月一二日、日本社会党の横山利秋（よこやまとしあき）、土井たか子、上原康助（うえはらこうすけ）、清水勇（しみずいさを）の各議員は連名で衆議院議長福田一（ふくだはじめ）宛てに、「武器輸出と日米軍事技術協力等に関する質問主意書」を提出した。日米軍事技術協力の名のもとに武器輸出が公然化されることへの危機感を踏まえての対応であった。武器の日米共同開発・生産及び日本の軍事技術の対米供与問題について、すでに日米政府部内で検討されているとの情報の真相を探るために、日米相互防衛援助協定、武器輸出に関する政府の統一見解及び国会における決議等との関係について、政府の答弁を求めたものである。その質問は以下の内容であった。

一　武器の日米共同開発・生産及び日米軍事問題は、「いつ」、「どこで」、「だれとだれとの間」で「どちら側」から「どのような内容」の話合いがなされたか、明らかにせよ。

二　軍事技術対米供与問題に関し、防衛庁和田装備局長は、九月訪米し、デラワー国防次官と会談した。訪米する前、この問題で「事務的に関係各省庁と打ち合せを行った」との国会答弁がなされているが、どの省庁とどのような内容の打ち合せを行ったか、明らかにせよ。

三　外務省松田北米局審議官は、「(武器輸出三原則について) 米国との関係は、その他の国と異なつた別の法的、条約的側面がある。すなわち、安保条約に基づく地位協定、また日米相互防衛援助協定によつて、日米相互に武器関連の援助を行い合う規定がある」と国会で述べているが、この答弁を見る限り、武器輸出三原則の適用に関して、米国は他の諸国とおのずから異なると政府は解しているのか。

四　日米相互防衛援助協定（以下「協定」という）第一条において、「装備、資材、役務その他の援助を……使用に供するものとする」とあるが、米国側から日本に対し、具体的な軍事技術名を挙げ要求してきたとしても、協定上それに応じなければならない義務は生じず、あくまでも応ずるかどうかは、政府の高度な政治判断に外ならない。

一方、武器輸出三原則は、佐藤内閣以来歴代内閣の政策であり、第九十四回国会においても武器輸出問題等に関する決議が行われた。その意味から武器輸出三原則は、国民世論に支持された重要な基本的な政策ということが言える。

そうであるなら、米国に軍事技術を輸出するかどうかの政府判断は、国是たる武器輸出三原則が優先するのが当然だと考えるが、政府は、米国に対して軍事技術供与を含む武器輸出を行う意向があるのか、政府の見解を明らかにせよ。

五　最近の報道によれば、「対米武器輸出」に関する政府見解案なるものが伝えられている。それによれば、日米安保条約第三条に基づき対米武器輸出は可能であるとしている。しかし、この第三条の由来はバンデンバーグ決議[*57]にあり、安保条約審議の際も、この条項で具体的な義務を負うものでなく、あくまでも我が国の自主的判断で決定するものであるとされていた。

この条項は、あくまでも「憲法上の規定に従うことを条件として」武力攻撃に抵抗する能力の維持発展を述べたものであり、この第三条に基づき武器を輸出する場合も政府の政治的判断によるものであり、武器を輸出する条約上の権利義務は生じないと思うがどうか、政府の見解を述べよ。

六　従来政府は、武器輸出については三原則統一見解、国会決議は適用されると答弁しているが、前記の「政府見解案」なるものによれば、「(米国への)武器輸出は、そもそも三原則・統一方針が取り扱っている武器輸出とは次元の異なる(枠外の)ものである」と述べられている。武器輸出に米国向けとその他向けと分けられているとすれば、米国に関する限り、武器輸出三原則並びに統一見解は適用しないと考えるのか、見解を明らかにせよ。

七　協定に基づき一九六三年十一月十四日、大平外相とライシャワー駐日米大使との間で「防衛目的のための技術的資料及び情報の交換に関する書簡」が取り交わされ、協定第一条第一項にいう「細目取極」が米国防総省と防衛庁間で同年十一月十五日結ばれている。その取極本文及び附属書の内容を明らかにされたい。

八　すでに附属書には、日米両当事者間で合意した具体的な武器又は軍事技術が記載されていると思われるが、それを米国に輸出する場合、武器輸出三原則に抵触しないのか。また、過去、協定に基づいて米国に武器を輸出した例はあるのか。あるとするならその数量、金額、種類及び企業名を明示せよ。

九　汎用技術であつても軍事転用可能であり、明らかに武器の用途に供する目的を持つたものであれば、当然武器輸出三原則にいう武器の範ちゆうに入ると解すべきと思うが、政府の見解を明らかにせよ。(以下、十から十五は省略)

この質問主意書に対して、鈴木善幸(すずきぜんこう)首相は、同月二七日に衆議院議長福田一宛に「答弁書」を送付する。これも以下に引用しておく。

一について　本年六月大村防衛庁長官が訪米し、デラウアー米国防次官と会談した際、同次官から、防衛技術の日米間の交流を推進することを希望する旨の一般的希望が表明され、また、このような交流は米国の防衛技術の対日輸出を従来どおり円滑に行うという見地からも重要であると考える旨の発言があつた。これに対し、大村長官から、武器輸出に関する日本の政策や現状について説明するとともに、米側の希望は持ち帰り政府部内で検討してみたい旨述べた。また、本年九月防衛庁和田装備局長が訪米した際、同次官と会談し、同次官から共同研究・開発を含め防衛技術の交流の推進について、一般的な希望が表明されたが、同局長から防衛技術の交流の問題については、目下関係省庁において検討中である旨伝えた。

二について　防衛技術の日米間の交流の問題については、防衛庁と外務省及び通商産業省との間で意見交換が行われてきており、大村防衛庁長官の訪米後における閣議での報告を受けて防衛庁と外務省及び通商産業省との問で日米安保条約等との関連等について意見交換を行つたところである。御指摘の国会答弁は、この間の経緯を述べたものである。

三、四及び六について　政府としては、基本的には、米国についても武器輸出三原則及び昭和五十一年二月二十七日の武器輸出に関する政府方針に基づき対処する考えである。ただし、対米関係については、日米安保条約等との関連もあるので、目下この点につき関係省庁で検討を行つているところであり、結論が出ているわけではない。

五について　御指摘の政府見解案とは、本年十一月十一日に日本経済新聞において報じられたものを指していると考えるが、このいわゆる政府見解案とは、政府の事務レベルにおける検討の過程の中で出てきた考え方の中の一つにすぎない。

なお、御指摘の点も含めて、三、四及び六についてにおいて述べたとおり、関係省庁において目下検討を行つているところである。

七について　昭和三十七年十一月十四日に行われた防衛目的のための技術的資料及び情報の交換に関する書簡の交換は、日米相互防衛援助協定第一条第一項の細目取極に該当し、御指摘の米国防省と防衛庁との間の取極は、同細目取極に基づく当局間の取極である。当局間の取極本文及び附属書は、米当局との間で公表しないこととしているので、明らかにすることは差し控えたいが、取極本文においては、対象とする技術資料の範囲、関係する機関及び当局、連絡方法、秘密保全規定等の通則について規定し、附属書においては、日米両当事者間で合意した研究開発項目の個々具体的な交換技術資料の件名、範囲及び秘密区分、関係する機関及び当局等について規定している。

八について　七についてにおいて述べた当局間の取極の取極本文及び附属書に基づき、防衛庁より米国に対し、武器又は武器の製造等に係る技術が供与されたことはない。また、日米相互防衛援助協定に基づき、我が国から米国に対する援助の供与として武器を輸出した例はない。

九について　外国為替及び外国貿易管理法に基づく武器の製造等に係る技術の提供に関する規制については、その技術の内容から見て、専ら（もっぱ）武器の製造等に係る技術と客観的に判断できる

ものを対象とすることが規制の公正さ及び実効性の観点から合理的であると考える。（十〜十五略）

ここで先ず個別の回答を吟味しておく。

一について、明確となっているのは、日米間での武器の共同開発・生産が、アメリカ主導の下に進められたことを確認できることである。一九七〇年代に入り、ソ連脅威論を口実とする、いわば対ソ包囲戦略が敷かれるなか、アメリカは同盟国日本との間に武器移転関係の濃度を高めることで、将来的にはアジアの兵器工場として日本を再定義する動きが出ていたことが知れる。同盟の強化により武器移転の活発化に結果する方向性が明らかになっていく。

二について、武器生産と武器輸出の問題で防衛庁（当時）と外務省及び通商産業者の三者間での調整が図られてきたと説明されたように、同問題はいわば軍官連携のなかで進められ、そこに通産省の統制下に置かれた軍需産業界が連動する、いわば軍産官の複合体形成の可能性を示唆するものであった。軍産官複合体は米ソ冷戦が終焉後も、今度は暫くの時を経て対中国、対北朝鮮を脅威国と設定することで、複合体が一層強化されていく。

さらに**三**から**六**にかけての回答は、武器輸出の質量及び時価などについて、日米安保条約に大きく規定されていることを示唆したものである。その意味で武器移転自体が日米両軍需産業界独自の方針において展開するものではなく、国際情勢の変動に左右される日米安保体制の動向によって規定されていくことを暗示したものとなっている。現在からすれば、当然視されているような日米安保体制の枠組みのなかでの武器移転の位置付けが、この質疑の遣り取りのなかでクリアにされている。

ここでの回答は、質問者側が期待した内容となっておらず、前回と同じメンバー（横山利秋、土井たか子、上原康助、清水勇）により、再び質問主意書が衆議院議長福田一宛に提出される。その内容の引用しておく。提出日は、一九七一年一二月二四日付である。

不誠実な対応

武器輸出と日米軍事技術協力等に関する質問主意書

一　答弁三、四及び六は「米国についても武器輸出三原則及び政府統一方針に基づき対処する」と述べながら、他方、対米関係は「日米安保条約等の関連がある」と述べている。

このことは、政策と条約といつた異なつた次元で武器の日米共同開発・生産及び日本の軍事技術の対米供与問題に対処しようとする政府の姿勢が読み取れる。

しかし従来政府は「日米相互防衛援助協定第一条、地位協定第十二条及び日米安保条約第三条は義務規定でなく、あくまでも政治判断にかかる」との答弁を行つている。

昭和五十六年度予算の審議の際、高度の政治判断の中で本院において全会一致の「武器輸出問題等に関する決議」がなされたが、政府が判断をする際、当然国会の意思を尊重しなければならないものと思うがどうか。

二 1 「昭和三十七年十一月十四日付けの「防衛目的のための技術的資料及び情報の交換に関する書簡」は日米相互防衛援助協定第一条第一項の「細目取極」に該当する」と答弁しているが、昭和二十九年五月一日協定の効力発生以来、両国において交換された細目取極は何件あるのか。また、その内容について説明せよ。

2 昭和三十七年十一月十五日に締結された「資料交換に関する取極」は、協定第一条第一項の「細目取極」とはどのような法的関係にあるのか。「細目取極」が公表できて、当局間の取極が公表できない理由を明らかにされたい。

三 答弁九で「専ら武器の製造等に係る技術と客観的に判断できるものを対象とする」と回答しているが、輸入国が明らかに軍事用に使用する目的をもつて輸入することが客観的に判断できる場合は、武器輸出三原則の対象となるのか。

四 答弁十で「地位協定第十二条の規定に反する制限云々」とあるが、質問に対し明確に答弁していない。この答弁によれば、在日米軍が直接国内の民間企業から武器を調達することは自由であるという意味なのか。

五 答弁十三で「民間企業に対し対米供与を要請することができるか」との問に「検討していない」と答えている。しかし、昭和五十六年十二月五日の報道によれば、デラウアー国防次官は「米国にとつて光通信、ロボット、マイクロプロセッサーの導入は大きな支援となる。しかし、これはあくまで民間企業が個別に導入を進めるべき性質のものだ」と述べ、米国の方針としては軍事技術協力は民間ベースが原則であることを明らかにした。

我々は、日本の民間企業の開発した先端技術であっても、軍事技術であれば当然武器輸出三原則が適用されると思うが、本件について国民に分かるよう答弁されたい。

六 答弁十四の「慎む」についての答弁は極めて抽象的である。昭和五十六年二月十四日衆議院予算委員会において田中（六）通産大臣は「慎むとは原則としてだめだということ、それから発展させていく過程で問題を処理することである」旨の答弁をしているが、そのとおり理解してよいか。

また、「具体的な国名をあげることを避けたい」と答弁しているが、政府は中国の近代化には協力するが軍事援助は行わない旨述べ、また、韓国に対して武器輸出はしないとしばしば国会で答弁している。以上の理由から米国、中国及び韓国について当然武器輸出を慎むと思うが、再答弁を願いたい。

七 さらに、質問主意書に対する答弁書が提出された後、十二月十四日、十五日の両日第三回日米装備技術定期協議が行われた。米側から①汎用技術だけでなく純粋の軍事技術の提供②軍事技術の共同研究・開発及び将来兵器の共同生産などの要請がなされたと報道されているが、米国の要請はどのような内容か。

報道された内容が事実であれば当然武器輸出三原則に反する。特に「兵器の共同生産」の要請が事実であれば憲法の精神及び国内法上から出来得ないと思うがどうか。

右質問する。

七項目にわたる質問は、いずれも武器輸出の何が問題なのかを的確に問うている点で現在にまで続く基本的な議論である。**一について**は、同問題が衆議院の場で決議された「武器輸出問題に関する決議」の重要性に関連して、国会の意思として武器輸出を厳格に規制していく方針を、政府として堅持するのかどうかを正面から追及したもの。**二について**は、「防衛目的」を口実とする武器製造技術について日米間の取り決めの実態につき公表を前提としない限り武器輸出規制の実効性が担保されないと問い質したもの。**三について**は、現在まで続く重要な課題として民需用が軍需用に転用される可能性のある場合、武器輸出規制が可能かどうかを問うたもの。**四について**は、現在では常態化していると思われるが、アメリカ軍が日本で武器調達する場合、日米地位協定の条文からフリーハンドを実質与えることになるのではないか、との懸念から確認を行ったもの。**五について**は、アメリカ軍が日本の民間企業から民需用にも軍需用にも汎用性の高い技術を取得しようとする場合、武器輸出規制の対象と何処まで成り得るのかを問うたもの、**六について**は、長い間政府の姿勢の曖昧さと武器輸出規制への不徹底ぶりを示すとされた「慎む」の用語について、政府の姿勢を改めて質したもの、**七について**は、秘匿性が求められる軍事上の問題とは言え、日米間で進められている日米装備技術定期協議の内容つき、アメリカ側の要請の内容を明らかにすることが、武器輸出規制の実効性を担保するものとの趣旨からする質問である。

この質問主意書に対し、翌年の一九八二年一月一九日付で衆議院議長福田一宛に鈴木善幸首相の答弁書（内閣衆質九六第一号）が提出された。これも少々長いが以下に引用しておく。

一について　政府としては、基本的には、米国についても武器輸出三原則及び昭和五十一年二月二十七日の武器輸出に関する政府方針に基づき対処する考えである。ただし、対米関係については、日米安保条約等との関連もあるので、目下この点につき関係省庁で検討を行っているところであり、結論が出ているわけではない。

　また、御指摘の決議は、国権の最高機関たる国会を構成する衆議院において議決されたものであり、政府は、その趣旨を今後とも尊重してまいる所存である。

二について　1　昭和二十九年五月一日から現在までの間に結ばれた日米相互防衛援助協定第一条第一項に基づく細目取極は、三十二ある。これらの細目取極は、主として装備、資材等の米国より我が国への供与に係るものであるが、前回の答弁書において述べたとおり昭和三十七年十一月十四日の防衛目的のための技術的資料及び情報の交換に関する取極も含まれている。

2　御指摘の昭和三十七年十一月十五日の米国国防省と防衛庁との問の取極は、前記の防衛目的のための技術的資料及び情報の交換に関する取極に基づく当局間の取極である。この当局間の取極は、米国当局との間で公表しないこととされている。

三について　外国為替及び外国貿易管理法に基づく武器の製造等に係る技術の提供に関する規制については、前回の答弁書において述べたとおり、その技術の内容から見て、専ら武器の製造等に係る技術と客観的に判断できるものを対象とすることが規制の公正さ及び実効性の観点から合理的であると考える。

四について　地位協定の下で、在日米軍は我が国の民間企業から、原則として制限を受けないで武器を含め物品等を直接調達することができる。

五について　民間企業が開発した武器の製造等に係る技術の供与については、武器輸出三原則及び昭和五十一年二月二十七日の武器輸出に関する政府方針に準じて対処しているところである。ただし、対米関係については、一について述べたとおり、関係省庁で検討を行つているところである。

六について　「慎む」とは、前回の答弁書で述べたとおり、慎重に対処するという政府の消極的な態度を表明したものであり、御指摘の田中前通商産業大臣の答弁はこの趣旨を述べたものである。また、政府としては、御指摘の中国、韓国及び米国についても、武器輸出三原則及び昭和五十一年二月二十七日の武器輸出に関する政府方針に基づき対処する考えである。ただし、対米関係については、一についてにおいて述べたとおり、関係省庁で検討を行つているところである。

七について　日米両国の防衛当局の担当者の間で行われた第三回日米装備・技術定期協議において、米国側から、日米間の防衛技術の相互交流を強く希望する旨、米国側が関心を有しているのは汎用技術の分野にとどまるものではない旨及び防衛技術の共同研究・開発等を念頭に置いている旨の発言があつた。

政府としては、基本的には、米国についても武器輸出三原則及び昭和五十一年二月二十七日の武器輸出に関する政府方針に基づき対処する考えである。対米関係については、一についてにおいて述べたとおり関係省庁で検討を行つているところである。

右答弁する。

回答は全体的に正面から誠実に対応した内容とはなっておらず、アメリカ側の意向を忖度し、武器輸出規制の徹底化と透明性を保証しようとする姿勢を欠落させたものとなっている。**一について**は、日米安保条約を優先する姿勢をあらためて強調し、衆議院の決議はあくまで尊重するという曖昧な用語で終始する。輸出の規制と決議の尊重とが一体となって実効性を担保されるはずだが、尊重という幅広の用語によって規制を実質空洞化する含みを持たせるとの意図が透けて見える。決議への尊重だが、何を持って尊重の証とするかは、結局恣意的な解釈に委ねられてしまうのである。**二について**は、アメリカ国防総省と防衛庁との取極で技術資料及び情報交換は未公表との回答だが、不可視の技術や情報に関しては完全なブラックボックスとなっている。アメリカは日米地位協定や日米安保条約など、両国関係を規定する原則を理由として、日本政府はそうした原則を厳格に保守することが日米同盟の強化に結果し、日米同盟が日本の安全保障に資するとする立場を前面に押し出して、秘密保持に懸命である。そうした意味で武器輸出問題の根底には、安全保障を理由とする両国関係の実態があることは繰り返すまでもない。その意味で武器輸出問題は、日米関係の負の構造を端的に示すものといえる。

筆者としては、武器輸出が日本の安全保障に資するとする政府や軍需産業界の立場に同意できない。武器輸出によって日本が近い将来武器輸出を通して、戦争や紛争の一方の当事者となり、平和憲法の下にその解決に貢献可能な資格を自ら否定してみせることが、本当に日本の国際社会における役割であり位置なのか改めて考えざるを得ない。

三については、根本的な姿勢として、そもそも外国為替及び外国貿易管理法自体が、高度化かつ汎用性を高めている武器そのものだけでなく、武器製造技術の危険性をチェックすることが時代とともに不可能となってきた点を指摘しておきたい。同時に「合理的判断であると考える」との下りについていえば、その判断となる根拠規定が不在あるいは不透明であるとの誹（そし）りは免れないのではないか。軍事機密のヴェールに覆われることになる武器製造技術ゆえに、規制対象の是非は、例えば第三者機関に委ねてこそ客観的な判断が担保されると思考するのが自然である。

四については、これも繰り返し論じてきたように、武器調達の無限性が明らかにされている訳で、国会などを通して民意の判断や世論の動向を全く蚊帳の外に置いたまま、武器輸出が野放図に進められることを敢えて公言したに等しい回答と言えようか。このことは**五について**の回答にも通底している。端的に言えば、武器輸出は民意や世論に全く左右されない聖域であり、民主主義が介在する余地がない問題となる。国防や安全保障が金科玉条の如く扱われた先に見えるものは、日本の武器輸出大国である。

六について、懸案の「慎む」を「政府の消極的な態度の表明」と内実を認めつつ、なので今後は積極的に武器輸出問題に取り組む姿勢を披瀝したものと言える。武器製造に係る技術が軍需用か否かを客観的に判断することは容易ではなく、より精緻な回答こそ必要である。これも正面から答えていない。さらに韓国への武器輸出の実績がすでにありながら、これに触れてもいない。おそらくそれ以外の武器輸出の実績が、すでに相当程度存在しながら公表を回避しているのである。

七についても、この回答自体が現在からすでに四〇年以上も前のことであり、本書でも追っているように、その後の日本の武器輸出の実態を知る私たちからして、批判を極力回避するための方便に過ぎないと受けとめるしかない。

しかし同時に、先の回答をも含め、政府および防衛庁（防衛省）側の武器輸出に係る姿勢が逆に浮き彫りになる。キーワード的に言えば、それは争点外し、秘密保持、アメリカへの忖度の姿勢で貫かれていると言えよう。換言すれば、武器輸出がどれほど深刻な問題か、この間の質問主意書と回答の往復が、その問題の原型を垣間見せているのである。

以上、少々長い引用だったが、ここには武器輸出問題をめぐる争点が一体どこにあるのかを明らかにしている。この野党からの質問主意書への回答を政府が迫られることになるが、これへの回答例を通産省及び防衛庁は懸命に案出する。だが、後で触れていくように、どれほどの規制条件を策定したとしても、そもそも武器輸出が有する政治課題への全面的な回答は困難を極めた。

武器輸出政策を国民の安全を守るための抑止力強化論と結び付けての説明には限界があっただけでなく、武器自体の持つ政治性あるいは歴史性と言った根源的な問題は、どう説明しても納得のいく説明が付かなかったからである。

それゆえ、国会における武器輸出問題をめぐる質疑応答も最後まで噛みあうことなく、お互いに持論の展開に終始したとするのが実体であった。一方で、政府は八三年一一月に「対米武器技術供与に関する交換公文」（八六頁）を取り交わしていくのである。

政府・企業・議会・世論の相互において妥協点を見い出すことは、この一九八〇年代から極めて困難な問題となっていたのである。むしろ世論は当問題への関心が段々と薄れていき、メディアも関心を持って報道する姿勢を欠いてくる。その間隙を縫うようにして、表向きの様々規制方針が打ち出されながら、実態としては武器生産も武器輸出も進行していったのである。

ココム違反の背景と違反事例

一九八〇年代にココム違反が頻発した背景は、中曽根康弘政権が推し進めた日米安保体制の枠組みにおける日米同盟関係の強化と関連する。日本列島をアメリカ本土防衛のための「不沈空母」とするという日本の対米従属方針の徹底化により、日本はココム違反を厳格に調査処分してアメリカの信頼される同盟国としての立場を得ようと躍起となっていた

そうした過剰とも思われる対米従属方針を中曽根政権が打ち出した背景には、日本のなかにあるソ連や中国などとの経済関係を維持強化しつつ、アメリカとも均衡のとれた経済関係を保持したいとする、特に官僚勢力の存在にアメリカが注意を払っていたからである。つまり、アメリカとだけの関係強化より、ソ連や中国をも含めた「包括的安全保障」の枠組みによる日本経済と防衛の構築が合理的であり、長期的にみて日本の安定に結果するとした勢力の存在である。

そこには一九八〇年代前後における自動車や造船、鉄鋼などの分野を中心とするアメリカとの経済摩擦の深刻化があった。日本の産業界もアメリカとの経済摩擦の実態を踏まえ、アメリカ一辺倒であることに危機感を抱いていたのである。とりわけ、武器移転問題に絡め、アメリカの抑圧的か

つ一方的なスタンスへの批判や不満が、少なからず日本の産業界に存在していたのである。

加えて、ココム違反とは言いながら、対共産圏輸出においてアメリカの産業界は対ソ連・対中国への輸出を増加させており、日本だけをターゲットにして制裁を加える手法の背後に、むしろ対共産圏輸出の主導権を握りたいとするアメリカの思惑があるのではないか、とする見方もあった。こうした日本の産業界の懸念は、アメリカ政府が強く警戒するところであり、中曽根政権には強い姿勢で臨もうとしていた。そうしたアメリカの意向を受けて、中曽根首相は過剰とも思われる対米従属の姿勢を明らかにして見せた、というのが「不沈空母論」発言の真相ではなかったか。

ここであらためて武器輸出の実態に迫ろう。

先ほど堀田ハガネ事件などココム違反事件例に触れたが、国際輸出管理レジームである冷戦期の対共産圏輸出禁止（ＣＯＣＯＭレジーム＝一九四九年一一月～一九九四年三月）及びサブ・レジームとしての対中国輸出禁止（ＣＨＩＮＣＯＭ＝一九五二年～五七年）により、対共産圏への武器輸出が固く禁じられていた。数多のココム違反事件のうち、世論やメディアから大きな反響があった東芝ココム事件をはじめ、以下に箇条書き的に纏めて列記する。

・**東芝ココム違反事件**＝一九八六年一二月、アメリカ国防総省のイクレ（Fred C Ikle）国防次官が訪日し、東芝機械が製造した同時九軸制御工作機械の不実記載による不正輸出の実態調査を当時の中曽根政権に要請したことから明らかになった、東芝機械によるココム違反の不正輸出事件調査である。

アメリカは、東芝機械が輸出した同時九軸制御工作機械がソ連に渡り、潜水艦スクリューの研磨作業に使われ、波紋が極端に軽減されることからソ連潜水艦の探知が非常に困難になったと主張した。アメリカの対ソ潜水艦戦略に支障を来すとして、東芝機械（本社は静岡県沼津市）に対し猛烈な抗議を行ったのである。

事の経緯を少し辿ると、東芝機械は総合電機メーカーの東芝の子会社であった。同社は伊藤忠商事と和光交易を通して、一九八二年一二月から一九八四年にかけ、ソ連技術機械輸入公団経由で工作機械八台を輸出していた。同社は、工作機械が軍用艦船のスクリューの静粛性を担保するための研磨などに利用される可能性を承知しながら、同時二軸の大型立旋盤機械であると偽りの輸出許可申請書を通商産業省に提出し、輸出が認められたものであった。アメリカの抗議に中曽根政権は謝罪し、東芝機械は外為法違反で関係者が起訴されるに及ぶ。一九八八年三月二二日、東京地方裁判所で関係者は二〇〇万円の罰金と、猶予付きの懲役刑が下された。

・ダイキン工業ココム違反事件＝フロン事業を展開していたダイキン工業に、一九九八年一二月七日、大阪府警が家宅捜索に入ったことで知られることになった事件。規制対象であった高純度ハロン一四四三トンをソ連に不正輸出したとされる。ハロンはフロンと類似した物質で主に消火剤に使う。軍事転用の可能性を知りながら、敢えて不純物を混入させて規制を回避しようとしたが、そのまま輸出したことから発覚したとする経緯があった。なお、フロンとは、民需用としては冷媒、溶剤、発泡剤、消火剤、エアゾール噴霧剤などに使用され、アメリカではフレオンと呼称される。オゾン層を破壊する性質であることで問題となった物資でもある。

・日本航空電子工業に係る武器部分品不正輸出事件＝一九九一年七月、日本航空電子工業株式会社が当時の主力戦闘機であるＦ４ファントムに使用されるジャイロスコープ及び同戦闘機搭載用ミサイルの部分品であるローレロンを、関税法・外国為替及び外国貿易管理法（外為法）所定の各手続きを経ないでイランに不正に売却・輸出した事件。これらはアメリカからのライセンスを取得して生産したもの。因みに、ローレロン（Rolleron）とは、ミサイル等の飛翔体に使用されるジャイロ効果を応用した安定化装置のことである。

細部的な実数で示せば、Ｆ４ファントム用慣性航法装置部品リットンＡ二〇〇Ｄアクセロメーターを一一七個、ジャイロスコープ二二八個、同部品リットンＧ－二〇〇ジャイロスコープ二一三個、Ｆ４用火器管制装置部品ハネウエルジャイロスコープＧＧ一一六三を一五個との記録がある。申告価格は合計八億六五二七万九三九〇円であった。これを税関長・通産大臣の許可を受けることなく、香港ハイエラックス社及びシンガポールエアロシステムズ社に輸出した。

なお、同社は一九八六年一月一〇日から一九九八年四月四日までの間に最終的にイランに供与されることを事前に承知しながらも、Ｆ４搭載用の空対空ミサイルＡＭ19型（通称、サイドワインダー）の部分品ローレロン三〇九七個（申告価格合計七億九八七万三二七七円）をシンガポールに輸出している。これに対してアメリカ司法省は、同社及び同社の従業員を武器輸出管理法・国際武器取引規則違反の罪で刑事訴追した。裁判の結果、罰金一〇〇〇万ドル、特別課徴金二〇〇〇万ドル、制裁金五〇〇万ドル、和解金四二〇万ドル、日本円にして総額およそ二四億八〇三〇万円の支払命令が下された。

二〇〇〇年代に入っても、不正輸出事件は起こっていた。

・**ヤマハ発動機無人ヘリコプター不正輸出事件**＝二〇〇五年四月、ヤマハ発動機が軍事用途に使われる可能性がある無人ヘリコプターを、本来なら許可が必要だった中国の人民解放軍と関係のある会社に輸出したとして同法違反に問われた事件である。

・**北朝鮮タンクローリー不正輸出事件**＝二〇〇九年五月一九日、弾道ミサイルの移動式発射台などに転用可能な大型タンクローリーを、京都府舞鶴市の中古車販売会社の盛田忠雄社長（韓国籍）が、外国為替及び外国貿易法（一九九八年改正で「管理」が削除される）違反で逮捕された事件。この事件は、兵庫県警察本部外事課によると、輸出の認められるホワイト国経由の北朝鮮向けの不正輸出の摘発としては全国初の事件とされている。

事件の概要は、盛田社長が北朝鮮の商社から電子メールで注文を受け、規制対象外の大韓民国に輸出するなどと虚偽の申告を行い、実体のない韓国の運送会社への輸出とみせかけ、「朝鮮白虎貿易会社」に向けて輸出したことが不正輸出と認定された。大型トラックは、弾道ミサイルの移動式ランチャーに改造することも可能で、経済産業省がキャッチオール規制[*58]の対象として指定する懸念品目リストに記載されていたことから摘発となった。

・**直流磁化特性自記装置不正輸出未遂事件**＝二〇〇九年六月二九日、大量破壊兵器に転用可能な物資をミャンマーに不正輸出しようとしたとして、外国為替及び外国貿易法違反で北朝鮮系貿易会社東興貿易社長と輸出入代行業大協産業社長、機械を製造した理研電子社長を神奈川県警察本部が逮捕した事件。報道によれば、中国にある北朝鮮の軍需物資調達機関第二経済委員会直轄企業である東新国際貿易有限公司に、ミサイル開発などに使われる恐れのある直流磁化特性自記装置が輸出された事件である。

・**東明商事ココム違反事件**＝在日朝鮮人が経営する対北朝鮮貿易会社の東明商事株式会社およびその職員、関連会社役員がココム（対共産圏輸出統制委員会）の規制対象品であるシンクロスコープなどを、北朝鮮向けに不正に輸出した事件である。一九八七年五月二五日、静岡県警が摘発捜査に乗り出した。シンクロスコープと電気信号の波形を可視化し、周波数や電圧の変化を観測する測定器である。静岡県に所在する東明商事株式会社は、朝鮮人民軍の資材調達機関などからの要請を受け、北朝鮮の竜岳山貿易などの企業とココム規制対象品であるシンクロスコープなどの輸出契約を締結。一九八五年一〇月から翌年八月まで、前後九回にわたり北朝鮮に不正輸出したとされる事件である。

この他にも類似の違反事件例が多くあり、ここに挙げたのは特に世間やメディアの注目を集めたものである。これらの事件に共通していることは、それ自体が直ちに武器として戦場に投入可能なものではなく、武器自体を製造する工作機械類またはその材料となるものである。それを準武器と呼称する場合もある。

ココム違反事件は、米ソ冷戦下の米ソを中心とする激しい武器製造競争という状況下において、過剰なまでに輸出規制がアメリカの圧力により強化された時期に頻発した。その意味で頻繁化する武器移転は、冷戦状況において拍車がかけられ、同時に日米の軍需産業が利益追求のため果敢に動いた時期でもあった。

しかし、この期間に進められた武器移転は、ポスト冷戦の時代にも一段と強化されていく方向へと進むことになる。

2　国際武器輸出管理体制

武器輸出の新たな段階

二〇〇〇年代から新たな武器輸出の段階を迎えたかに思われる事態のなかで、武器輸出自体は確実に推し進められていた。今日では、すでに多くの実例が明らかにされつつあるが、その典型事例を少し追っておきたい。

先ずユーロコプターＢＫ117である。ヘリコプターの製造では国内でトップの技術と生産実績を有する川崎重工業は、当時西ドイツのメッサーシュミット・ベルコウ・ブローム（ＭＢＢ、後にエアバス・グループに買収されるユーロコプターと統合）とＢＫ117の共同開発に成功する。共同開発の契約が成立したのは、一九七七年二月のこと。開発資金と開発分担率を半々とした対等な共同開発であり、主要装備品に関しては川崎が胴体やミッション、ＭＢＢメインローターやテールローターなどを相互に輸出し、最終組み立てを日独両国及びアメリカで行う方式を採用した。

一九七九年六月及び八月に日本と西独で初飛行に成功する。同機は主に消防や警察関係などで多く利用されることになったが、軍用に装備改編が可能としており、輸出先で軍用化する可能性は否定できなかった。それもあって、川崎重工業は、輸出には慎重な姿勢を採った。同機は一八〇機程度製造され、アジア諸国及びオーストラリアやニュージーランドなどに輸出されている。軍用転換の可能性はあったものの、あくまで民需用というカテゴライズで輸出上問題とはならなかった。

川崎重工業とMBBの間には、二〇二〇年三月一五日付で、「MBB BK117及びD3回転翼航空機の日本国における製造に係る日本国国土交通省航空局（JCAB）と欧州連合航空安全庁（EASA）との間の実施取決め」が交わされているが、ここではドイツと日本以外の第三国向け輸出規定に関する条文はない。相互に輸出に関してはフリーハンドを得ること、但し製造国が日本かドイツか、生産地がどこかを示すシリアルナンバーの取り決めなどについては厳格な規定が設けられた。

そうしたなかで日本政府は、同機が輸出先で軍用転換が可能な装備が施してある以上、その限りでは輸出管理は徹底していたと思われた。因みに、この取り決めの内容は、岸田政権下で開始されたイギリスとイタリアと三国共同開発戦闘爆撃機についてもシリアルナンバーなどを付すことで、第三国輸出先が特定できるルールも検討されることになろう。岸田政権を継いだ石破茂政権下でも、この計画は継承されるはずだ。

ここでもう一つ問題がある。それは同機のために川崎重工業が開発製造していたトランスミッション[*59]が同機の派生型であるユーロコプターEC145の軍用版のU－72ラコタに転用され、二〇〇六年からアメリカ陸軍で運用されている事実である。つまり、正真正銘の武器以外の何物でもない軍用ヘリの最も重要な部品が川崎重工業製、つまりは日本製であることだ。部品としての武器がアメリカに輸出されている訳だが、こうしたケースは武器輸出として観られていない。この問題は、武器輸出というものをどこまで厳密に規定していくかに関わる非常に悩ましい問題でもある。

例えば武器そのものは、その形状や大きさにもよるが、各種のパーツから組み立てられており、そのなかに民需用に開発製造された機器・部品が組み込まれているケースは膨大な数に上る。その意味で、あらためて武器の定義を再検討する必要がある。

また、本来民需用として世界中に普及しているトヨタのピックアップトラックのように、車上に機関銃やロケット砲・対空砲などを搭載し、武器として多用されている現実がある。こうした軍用に転用することを「テクニカル」とか「バトルワゴン」等と呼んでいる。民需用が軍需用に転用して使用される典型事例である。

紛争地への武器輸出禁止のルールが存在するものの、輸出目的はあくまで民需用として輸出を承認されており、武器輸出には相当しない、と言うのが日本政府の認識である。だが、明らかに武器化された軍用車両として使用されている事実をどう認識するかである。

こうしたケースの場合、往々にしてあくまで輸入国や輸入者の責任として捉えられており、日本の武器輸出規制の対象とされないのが、通常の取り扱い方となっている。

先程のトランスミッションの事例を含めて、武器輸出の認定の困難さがあるものの、先ずは武器の精緻な定義を踏まえた禁止措置を講ずることが必要である。それが世界の紛争や戦争の激化を軽減することに繋がるとなれば、武器の定義は繰り返し検討すべき課題であろう。

対米以外の武器輸出事例

二〇〇〇年代に入り、アメリカ以外の国・地域への武器輸出事例が目立ってくる。まず、二〇〇六年六月、インドネシアのユドヨノ大統領は、マラッカ海峡に頻繁に出没する海賊取締のために日本から小型巡視艇三隻の購入を要請した。巡視艇は排水量九八トン、全長二七メートル、最大幅五・六メートル、速力三〇ノット、二〇〇〇馬力エンジン二基を装備している。総額一九億円の建造費であった。これらの巡視艇には防弾措置が施されていることから、軍用船としての性能を保持するため輸出貿易管理令に触れるとされた。しかし、インドネシア政府には軍用転換はしないとの条件で供与された。以後、同様のケースが相次いだが、それを次に書き出しておく。

二〇一五年、ジブチに二〇メートル級新造巡視艇二隻、二〇一八年にスリランカに三〇メートル級新造巡視艇二隻、同年にパラオに四〇メートル級新造巡視艇一隻、同年にバングラデシュに二〇メートル級新造巡視艇四隻、フィリピンには二〇一六年から二〇一八年にかけて新造巡視艇一〇隻。なかでも二〇二二年には九〇メートル級の新造大型巡視船二隻が供与された。ベトナムにも二〇一七年に七九メートル級新造巡視船六隻の供与が発表されている。また、マレーシアには日本の巡視船「えりも」と「おき」が武装撤去したうえで供与されたケースもあった。

巡視船自体は防弾用の装甲を保持しており、その限りで軍用船の扱いだが、そのことはほとんど問題とされていない。また一定程度の武装を施しているが、当初口径三インチ（七六ミリ）を超えなければ単装砲一門の搭載が可能とされた。これについても巡視船の砲装備は容認しない、という規定がいつの間にか突破されている。その意味でも巡視船供与という名の武器の輸出が常態化していると言って良い。

こうした間にも、例えば陸上自衛隊が保有する弾薬が、二〇一三年一二月二三日、南スーダンでのPKO活動のため派遣されていた韓国軍に供与された事例など、事実上の武器輸出が波状的に行われていた。このように武器輸出の規制と緩和、あるいは不承認と承認とが、混在した状況の中で、武器輸出・武器移転問題は散発的な議論として繰り返されてきたのである。

日本は一九六〇年代から猟銃や拳銃、それに弾薬などの輸出は活発に行われており、その実例は先に述べた通りである。それは国家単位というより、民間組織や団体、あるいは個人をも含めて非政府間の武器取引というものである。民間企業による通常取引と言って良い部類のものだが、厳密に言えば武器移転のカテゴリーに入れられるべき対象である。

ただ、こうした小型武器の移転をも含め、輸出の承認をめぐる繁雑さもあり、承認手続きの簡素化あるいは見直しを求める軍需産業界からの強い要請を受け、「武器輸出三原則」は「防衛装備移転三原則」と名称を換え、武器輸出＝武器移転の実質的な緩和から撤廃へと方針転換が行われた。

そして、近年急浮上してきたのが武器の国際共同開発の議論である。これまで自衛隊の装備は自国での開発製造と、アメリカからのライセンス取得によるライセンス生産を基本原則としてきた。しかし現在は、アメリカとの二国間軍事同盟を基軸に据えながらも、QUAD（日米豪印戦略対話）への参入や準NATO化への道を模索しているように、多国間軍事同盟、つまり同盟の多極化が進められている状況にある。そうした転換が国際共同開発へと向かわせた一つの理由である。

その背景にあるのは、武器輸出規制の緩和化と同時に、武器輸出先の多地域化への軍需産業界の強い要請である。武器輸出先としてアメリカに偏在している現状を打破し、武器市場の拡大を図ることが軍需産業界の長年の要求であった。こうした武器輸出地の拡大志向をアメリカがいかに受け止めているかも重要な問題となる。

ただ、アメリカとしては日本が世界の武器移転ネットワークに積極的に参画し、武器移転による利益確保が安定化すれば、アメリカの武器も日本は一層大幅に輸入するとの計算をしているであろう。その限りで、今回のイギリス・イタリア・日本の三国による次世代戦闘爆撃機開発を容認しているのである。しかも今回の三カ国による共同開発も成果が出るのは、およそ一〇年先のことだ。その時期に国際武器市場において、戦闘爆撃機生産の主導国の地位をアメリカが手放しはしないだろう。いまやアメリカでは軍需関連産業が産業全体のリーディングセクターとして盤石の基盤を築いていることもあり、高度技術と生産能力において一頭地を抜いているという自負がある。アメリカとしては、日本がこれまで以上に国際武器移転ネットワークに参入し、武器輸出大国と武器輸入大国へと飛躍することを望んでいるのである。

武器輸出の国際管理体制

日本をも含めた武器新興国の登場と武器輸出の増大、武器をめぐる国家間の対立や不信の深まりは、国際規模における武器輸出管理体制の構築が痛感される理由である。

それでココムに代わる国際武器輸出管理を進めるために一九九六年七月、会議の開催地であるオランダのワッセナー市の名前から通称ワッセナー・アレンジメント（WA）と呼ぶ通常兵器の国際管理体制が起動している。正式名称は、「通常兵器及び関連汎用品・技術の輸出管理に関するワッセナー・アレンジメント」（The Wassenaar Arrangement on Export Controls for Conventional Arms and Dual-Use Goods and Technologies）である。現在四二カ国ほどが参加しているが特に強制力のない紳士協定である。

アメリカの軍需産業界にとっても、世界の武器移転ネットワークに日本が確実にコミットすることは好都合と受け取っているはずだ。もっと言えば、アメリカとしてはこうした武器移転ネットワークの形成と拡大により、軍事面に限定されず、政治・経済の面においても、広範な同盟体制を形成することができ、その主導権を握ることで対ロ・対中の姿勢と、その主導権を確保しようとする思惑を抱いていることも確かなことだ。

日本政府の公式見解によれば、ワッセナー・アレンジメントでの合意等に基づき、外国為替及び外国貿易法によって経済産業省を窓口にして国内の輸出管理を行うとし、規制対象となる貨物（外為法第四八条）、および技術（外為法第二五条）については、経済産業大臣の許可を得ないで輸出することが禁止されている。また、規制対象は、貨物については政令「輸出貿易管理令」別表一に、技術については「外国為替令」別表に規定されていて、それぞれの一項と第五項から第一五項にワッセナー・アレンジメントでの合意事項が反映される、との説明を行っている。それで規制されるリスト規制該当貨物（技術）の詳細な機能および性能については、経済産業省令「輸出貿易管理令別表第一及び外国為替令別表の規定に基づき貨物又は技術を定める省令」にて規定されている。

「武器輸出三原則」と「別表」

だが、「武器輸出三原則」が政令基準で運用されることになった後は、この原則に抵触する事例が起きてくる。三原則には幾通りもの審査基準が設定されていた。それで先ず、その「輸出貿易管理令　別表」**【表9参照】**を示しておく。但し、これは輸出品の原則全て対象品目としながら、いわばアリバイ的な意味合い有するものでもあった。

リストの最初に記された「1　武器やその部分品」についてより詳細に記せば、(1)銃砲・銃砲弾等、(2)爆発物・発射装置等、(3)火薬類又は軍用燃料、(4)火薬又は弾薬の安定剤、(5)指向性エネルギー兵器等、(6)運動エネルギー兵器等、(7)軍用車両・軍用架設橋等、(8)軍用船舶等、(9)軍用航空機等、(10)防潜網・魚雷防御網等、(11)装甲板・軍用ヘルメット・防弾衣等、(12)軍用深照灯・制御装置、(13)軍用細菌製剤・化学製剤等、(13)－2軍用細菌製剤・化学製剤などの浄化用化学物資混合物、(14)軍用化学製剤用細胞株他、(15)軍用火薬類の製造・試験装置等、(16)兵器製造用機械装置等、(17)軍用人工衛星又はその部分品に分けられる。[*60]

1から4までは、明らかに武器そのものだが、5から15までは民需品でありながら、軍需品に転用可能な品目であり、それゆえ審査が厳格化されるのは当然と言える。いわば汎用性が極めて高い

表9　別表

項番号	主な物	輸出規制
1	武器やその部分品	銃、爆発物、防弾製品等
2	原子力関係	燃料物資、原子炉関連品、分離装置、周波数変換器、フライス盤、回転軸、ロボット
3の1	化学兵器関係	化学兵器の材料になるすべての関連物資
3の2	生物兵器関係	医療用ワクチン、各種ウイルス、培養容器、遠心分離器
4	ミサイル関係	無人航空機、ロケット、民間航空機、複合エンジン、バイオ燃料、ファイバープレイスメント装置、レーダー、飛行機制御装置
5	先端材料	ラミネート、ニッケル合金、チアン合金、耐火セラミック
6	材料加工	軸受、工作機械、フライス削り、コーティング装置、歯車製造機、測定装置
7	エレクトロニクス	集積回路、マイクロ波測定器、音響光学効果を利用する信号処理装置、超電導材料、半導体基板など
8	コンピューター	電子計算機
9	通信関連	電子式交換装置、通信用光ファイバ、フェーズドアレーアンテナ、無線通信傍受、盗聴の探知機能がある通信ケーブル
10	センサー・レーザー	音波を利用した水中探知装置、光検出器、フォーカルプレーンアレー、センサー用の光ファイバ、高速撮影ができる装置、反射機、磁力計、レーザー光関係
11	航法関係	加速度計、ジャイロスコープ、ジャイロ天測航法装置、水中ソナー
12	海洋関連	潜水艦、船舶の部分品、水中から物体を回収する装置、水中用の照明装置、浮力材
13	推進装置	ガスタービンエンジン、人口衛星、無人機等
14	その他	アルミニウムの粉、火薬の主成分、電気制動シャッター、催涙剤
15	機微品目	電波の吸収材、水中探知装置、ラムジェットエンジン
16	リスト規制品目以外で食料や木材等を除く全ての貨物・技術	キャッチオール規制

民需品である。問題はそれ以外の品目については、現在であれば経済産業大臣の許可・承認の是非については関係法令に照合して判断されることになる。これを「該非判定」と称し、その結果を「該非判定書」や「パラメータシート」、「非該当証明書」等と呼んでいる。

該否判定が非該当と判断された場合でもキャッチオール規制に係る経済産業大臣の許可が必要かどうかについては、さらにチェックされることになる。そこでは以上の表に掲げた一六項目該当の規制対象か否か、輸出先は何処か、ホワイト国か非ホワイト国かの判定、さらには輸出相手（国）に兵器開発、武器化への懸念の存在の有無などが検討対象とされる。*61 このように一応、表向きには幾重もの網が張られていることになっている【表10参照】。

なお、輸出対象国として四つのグループに分別され、二〇二〇年時点で二六カ国をグループAとし、非ホワイト国にはBからDまでのグループに分別される。ホワイト国とは輸出管理や武器管理が徹底しており、日本からの輸出品が危険な第三国に武器やその製造技術として使用されないことが保証されている国である。非ホワイト国とは、ホワイト国以外の国のことであり、現在はBからDまで三つのグループに分けられている。このうち、非ホワイト国Cは、AとDのいずれにも該当しない国で、国数から言えば一番多い。いずれにせよ、非ホワイト国は、輸出品が武器として使用される可能性の高い国と判断され、輸出の是非の判断に手間と時間を要する国とされている。

このように武器の定義を明確にし、同時に輸出対象国をグループ分けにすることで、その対象国が置かれた環境に従い、輸出の是非の指標とすることで武器輸出は政府の統制下にあることを告知する意図がある。しかし、複雑多岐な国際政治や経済の変動要因を正確に精査したうえでの輸出の

表10　ホワイト国と非ホワイト国

グループ（ホワイト国&非ホワイト国）	国　　　名
ホワイト国A（輸出管理優遇措置対象国）	アルゼンチン、オーストラリア、オーストリア、ベルギー、ブルガリア、カナダ、チェコ、デンマーク、フィンランド、フランス、ドイツ、ギリシャ、ハンガリー、アイルランド、イタリア、ルクセンブルク、大韓民国、オランダ、ニュージーランド、ノルウェー、ポーランド、ポルトガル、スペイン、スウェーデン、スイス、イギリス、アメリカ合衆国
非ホワイト国B（国際輸出管理レジームに参加しており、一定要件を満たす国・地域）	ベラルーシ、ブラジル、キプロス、エストニア、アイスランド、カザフスタン、ラトビア、リトアニア、マルタ、ルーマニア、スロバキア、スロベニア、南アフリカ、トルコ、ウクライナ
非ホワイト国C（グループA、B、Dのいずれにも該当しない国）	
非ホワイト国D（国連武器禁輸国、懸念国とみなされる国・地域）	アフガニスタン、イラン、イラク、レバノン、北朝鮮、コンゴ民主共和国、スーダン、ソマリア、中央アフリカ共和国、南スーダン、リビア

表11

	大量破壊兵器関連			通常兵器関連
	核兵器	生物・化学兵器	ミサイル	
国際管理レジーム	NSG（原子力供給グループ）	AG（オーストラリア・グループ）	MTCR（ミサイル技術管理グループ	WA（ワッセナー・アレンジメント）
発足年	1978年	1986年	1987年	1996年
参加国・機関	48カ国	42カ国及びEU	35カ国	42カ国

是非が、どこまで実行されるかは不透明と言わざるを得ない。

また、別表にしても、武器から準武器、武器以外という峻別もすでに触れたように容易なことではない。

また、現在の武器移転状況から明らかになっていることは、輸出対象国が輸出品を武器化する工業技術を保持している場合、事実上の武器輸出と算定されることが実に多いことである。

そうした意味で輸出管理体制は、最初から限界性を有したものと言える。その現実をどこまで正面から受け止めるのかの問題が残る。それで、もう少し輸出管理体制の問題を述べておきたい。

輸出管理体制の実相

いわゆる輸出管理体制は、日本の経済産業省では安全保障貿易管理と称しているが、国際的な枠組みとして、四つのグループに分別されている*[62]【表11参照】。一つには、原子力船用品・技術、関連汎用品・技術を規制対象とするＮＳＧ（Nuclear Suppliers Group：原子力供給国グループ）、二つには、化学兵器、生物兵器を規制対象とするＡＧ（Australia Group：オーストラリア・グループ）、三つには、ミサイル、無人航空機などを規制対象とするＭＴＣＲ（Missile Technology Control Regime：ミサイル技術管理レジーム）、そして四つには、先ほど述べた武器や先端材料などの汎用品を規制対象とするＷＡ（Wassenaar Arrangement：ワッセナー・アレンジメント）である。

経済産業省『安全保障貿易管理ガイダンス〔入門編〕』に従い、少し纏めておきたい。輸出管理体制は、法律として、「外国為替及び外国貿易法」（法律二八八号、以下外為法）、政令として「輸出貿易管理令」（政令三七八号）、外為令として「外国為替令」（政令二六〇号）、貨物等省令として「輸出貿易管理令　別表第一及び外国為替令別表の規定に基づき貨物又は技術を定める省令」（平成三年通商産業省令第四九号）の言わば三層構造の縦組みとなっている。そして外為法による輸出規制はリスト規制とキャッチオール規制とから成り、これらの規制に該当する貨物の輸出や兵器技術の移転は経産省の許可を必要とするものとされた。

経産省の詳細なルールが設定されているように思われるが、現実には武器輸出規制の厳格さと曖昧さが混在していると言える。一六項目に該当する品目は経産相の認可を絶対要件とするものでないとの説明があり、厳格な姿勢で臨むとされる非ホワイト国に対しても許可申請を絶対的な必要条件としないとする。経産相の説明は少々分かりにくいところがあるが、許可が必要とするのは、取り敢えず次の二点にある。

第一には、輸出者の確認による「客観要件」（The "know" condition）としての輸出品の「用途確認」と「需要者確認」である。その場合、注視されるのは提供しようとする貨物や技術が、大量破壊兵器等の開発、製造、使用または貯蔵等に用いられる恐れがあることだ。つまり、通常兵器の開発、製造または使用に用いられる可能性があるものに限り、許可申請を必要とする。

第二には、経産相の通知による「インフォームド要件」（The "informed" condition）であり、この場合は経産相から武器転用の懸念が示され、許可申請をすべき旨の通知を受けた場合、許可申請が必要となると説明される。懸念の払拭がなされた場合に限り輸出許可が下りるとする。

また、キャッチオール規制とは、注58でも説明したが、リスト規制だけではカバーしきれないところを補完する安全保障上の規制であり、経産相の輸出許可を必要とする。ただし、ホワイト国向けはキャッチオール規制の対象外とされる。このように詳細な規制が設定されており、武器自体は言うまでもなく、貨物や技術などを無許可で輸出・提供した場合には外為法違反により、懲役や罰金などの刑事罰または行政制裁を科されることになる。

以上は経産省が纏めた従来から実施されてきた、武器輸出の実態を踏まえた輸出管理体制の骨格となるものである。これを単純化して言えば、大量破壊兵器としての核兵器・細菌兵器・化学兵器（いわゆるＡＢＣ兵器）及びミサイル兵器と、それ以外の通常兵器とを区別するものである。そこには、輸出対象国を政治的判断をも含めて選択的輸出を企業に励行させ、世論からの武器輸出への抵抗感を軽減し、同時に企業側が被る社会的評価をも事前にチェックする意図が透けて見える。

以上のことから指摘したいのは、武器輸出の円滑な進展を見越しての管理強化が目的とされ、ココム事件で頻発したような政府と企業との対立や、国際社会からの日本批判の機会を極力軽減していくことが求められていることだ。しかし、武器輸出という高度な政治判断にブレが生じさせないとした日本政府や経産省には、イタリア、イギリスとの戦闘爆撃機の共同開発と生産時における輸出の方向性を明確にしていこうとする長期的な展望が窺える。

第五章　国際武器移転の本格化

一九八〇年代以降、国際社会における武器輸出入、武器移転が活発となり、世界の軍需産業界は、国家中枢の権力機構に食い入ることで、軍拡の利益構造を益々肥大化させてきた。その結果として紛争や戦争を誘発もし、助長もする実態が世界各地で具現されるようになる。武器移転が進行するなかで、特に武器輸出に歯止めがかからなくなる事態もまた顕在化する。そして、次第に緩和化される武器輸出禁止措置が、大国の寡占状態の一方で、いわゆる中進国とされる諸外国の武器輸出も活発となる。

本章では、日本において武器輸出禁止の緩和化政策がどのように実施されていったかを中心に述べつつ、国際武器移転の現状と未来を予測しておきたい。

1　なぜ、武器輸出を許すのか

平和外交と武器輸出禁止

国際社会に向けて平和国家日本の立場を訴える役割を担う外務省は、二〇〇七年三月の「外交青書」で、「武器輸出三原則により、武器輸出を原則として禁止するなど、国際紛争の回避に貢献している」と明記していた。こうした記述とは裏腹に、武器生産と武器輸出の前提としての自衛隊装備の拡充は年々着実に進められている。岸田政権下での防衛費の大増強は、その集大成的な意味合いを色濃く持ったものとしてもある。だが、マンパワーの拡充は、近年特に足踏み状態が続いている。事実として、近年の自衛隊の入隊者希望者が減少する一方で、人員も装備も他国と比較しても拡充の一途を辿っていることは、意外に知られていない。自衛官の定数も、一九九一年の二四万人体制から二〇一六年には二四万七〇〇〇人と七〇〇〇人増となっている。

その一方で欧米列強諸国においては、定員の削減が続いている。例えば、ドイツでは四七万六三〇〇人から一七万六八〇〇人と二九万九五〇〇人の削減、フランスでは四五万三一〇〇人から二〇万二九五〇人と二五万一五〇人の削減、イギリスが三〇万一〇〇人から一五万二三五〇人と一四万七七五〇人の削減となっている。世界最大の軍事大国アメリカにしても、一九九一年の

表12　英独仏の装備削減実数（1991～2017）

	1991年	2017年
○戦車		
ドイツ	7,000両	322両
フランス	1,392両	254両
イギリス	1,314両	277両
○作戦機		
ドイツ	683機	205機
フランス	845機	282機
イギリス	845機	282機
○主要戦闘艦		
ドイツ	14隻	18隻（潜水艦24隻から4隻）
フランス	41隻	24隻（潜水艦17隻から10隻）
イギリス	48隻	19隻（潜水艦24隻から10隻）

二〇二万九六〇〇人から一三四万七三〇〇人と実に六八万二三〇〇人も削減している。また日本が脅威の対象とする中国も、二〇一七年までに二三〇万人から二〇〇万人と削減を行っている。

定員二四万人体制を堅持しているのは主要国のなかで日本だけと言っても良い。但し、定員充足率は九二％程度で、これを埋め切れていない点は再三指摘されている通りだ。

上の表は、一九九一年から二〇一七年までのおよそ四半世紀のスパンでみたヨーロッパ主要国の装備削減の数値を示したものである**【表12参照】**。注目しておきたいことは、四半世紀という時間の長さも考慮に入れたとしても主要装備の削減率の高さである。この四半世紀の期間に装備面においては軍縮が進められているのである。但し、これには理由がある。一つには、これらの数字は二〇二二年二月二四日から開始されたロシアのウクライナ侵攻以前であること、兵器開発が進み、高度兵器の導入により、量より質が重視され始めたことなどの理由があると考えられる。同時に武器自体が更新期を迎えていたこともあろう。

軍需産業界にとっては危機感を高める内容だが、それゆえに自国装備の拡充への期待度が低下した分だけ武器輸出への期待が一層高まることになり、国際的に武器移転が活発化していく時代でもある。そこに明確な軍縮の意図が存在したことは指摘するまでもない。ロシアによるウクライナ侵攻によって、これら主要国の装備数に若干の変動はあるものと予想されるが、基本的に主要国は人員と装備の両方について削減が実行されている。大枠で言えば、軍縮が着実に進められていると言えよう。

当然、この欧米諸国の装備削減＝軍縮は国内の軍需企業に深刻な影響を与え、猛烈な反発が関係企業や財界人から噴出していることも事実である。しかし、各国は過剰な装備拡充に一定の歯止めをかけることを原則として履行しているのが現状である。ところが、日本では事実上の軍縮は進まず、むしろ軍拡の方向に進んでいる。周知の如く、自衛隊の装備は一部ライセンス生産を別にして、ほとんどの装備は国内で調達可能であり、それだけの製造技術や開発能力を保持している。装備の国産化の合言葉も手伝って、日本の軍需産業は欧米諸国とは異なる事情下にある。

そうだとしても、軍需産業界からすれば、こうした日本の方針が継続され、かつより多くの装備品の発注を期待してきたことは間違いない。一九五〇年代からの武器生産の実態と軍需産業の動きを追ってきたが、特に二〇一〇年代から二〇年代にかけて、日本の武器生産が質量とも一段とグレードアップしてきた現実がある。その結果が「武器輸出三原則」による事実上の武器輸出の禁止政策から、「防衛装備移転三原則」への転換である。一言で言えば、武器輸出の緩和政策への転換である。

武器移転を後押しする日本政府

政府内やその周辺との間の未調整ぶりが目立つものの、政府は近年になって武器生産と武器輸出に拍車をかけようとしている。二〇二二年一二月に公表された、いわゆる「安保三文書」において、武器輸出に関連する事項が明示され、武器輸出・武器移転への強い意欲が赤裸々に示された。それはこの間の武器輸出の実績を踏まえつつ、アメリカの対中国包囲戦略に便乗する格好で、日本の武器生産と武器輸出を強く促してきた日米安保体制から派生したものであることは間違いない。

歴代の自民党政権及び自公政権は、一部野党の支持を受ける格好で日米同盟・日米安保体制を日本の外交防衛の基軸と位置付け、そこから導入される防衛装備移転、すなわち武器移転こそが多国間安全保障体制強化とその実効性を担保するとの判断を堅持している。それゆえに、日本国内で武器移転の阻害要因とされる政令や国会決議などを含めて、根本的な見直しを強引に進めてきた。

その具体例として、「安保三文書」の「国家防衛戦略」には、「Ⅶ　いわば防衛力そのものとしての防衛生産・技術基盤」の項で以下の文言が記されている。

3　防衛装備移転の推進　防衛装備品の海外への移転は、特にインド太平洋地域における平和と安定のために、力による一方的な現状変更を抑止して、我が国にとって望ましい安全保障環境の創出や、国際法に違反する侵略や武力の行使又は武力による威嚇を受けている国への支援等のための重要な政策的な手段となる。こうした観点から、安全保障上意義が高い防衛装備移転や国際共同開発を幅広い分野で円滑に行うため、防衛装備移転三原則や運用指針を始めとする制度の見直しについて検討する。その際、三つの原則そのものは維持しつつ、防衛装備移転の必要性、要件、関連手続の透明性の確保等について十分に検討する。また、防衛装備移転を円滑に進めるため、基金を創設し、必要に応じた企業支援を行うこと等により、官民一体となって防衛装備移転を進める。

「防衛装備移転三原則」を当初閣議決定して以後、本来の目的とされた武器輸出の統制あるいは規制という姿勢が次第に崩されていく過程は、すでに述べてきた通りだが、「安保三文書」において、表向きの規制方針は堅持すると謳いながら、他方では輸出規制から輸出拡大に大きく舵をきるために、さらなる検討を加えるという。その先に見えてくるのは、武器輸出拡大ありきの方針である。

すでに規制や禁止という姿勢が事実上放棄され、むしろ規制や禁止の阻害条件を完全撤廃することで、グローバル化した武器市場に打って出ようとする姿勢を明らかにしているに等しい。まさに武器輸出大国への道である。

着々と進む武器共同開発

国際武器市場の積極的な参入と言えば、近年メディアでも盛んに取り上げられたイギリス・イタリア・日本三カ国の共同開発計画がある。だが、国際共同開発のプロジェクト参入は、もちろんこれが最初ではない。その事例を様々な情報源から拾い上げてみよう。

国際共同開発の前提として相手国の産業基盤の充実と高度な武器製造技術の保有があり、自ずと対象国は限られてくる。例えば、二〇一八年六月からの次世代機雷探知技術の共同開発対象国としてアメリカ、フランス、インド、イギリスなどの国が挙げられる。対象国として同年七月からはインドとUGV／ロボティクスのための画像による位置確定技術、二〇一九年一一月からオーストラリアと船舶の流体力学分野での共同研究、同国と二〇二一年五月からの船舶の流体性能及び流体音響性能開発や複数無人車両の自律化技術開発等、次々に共同開発を進めている。

この他にも共同開発の対象となったものに警戒管制レーダー、ビーチクラフト社のTC90機体、ベル・クラフト社ヘリコプターのUH－1Hイロコイの部品、パトリオットミサイルPAC2部品、イージス・システムに係るソフトウェア及び部品、ノース・アメリカン社F100スーパーセーバーのエンジン部品などがある。

IHIは、二〇二三年六月二九日のプレスリリースによれば、F－35戦闘機搭載エンジンの整備事業を開始するとし、F－35に搭載されているエンジン（F135ターボファンエンジン）の共同開発国以外で初めて設けられる整備拠点（リージョナル・デポ）として瑞穂（みずほ）工場（東京都西多摩郡瑞穂町）において進める態勢構築が完了したことを明らかにした。

そこでは新たな運用コンセプト（ＡＬＧＳ：Autonomic Logistics Global Sustainment＝国際的な後方支援システム）により、製造国から輸入国などの全ての運用国が世界規模で部品や整備などを融通し合い、部品の重複在庫を軽減し、必要最小限の在庫で運用することとした。これにより製造から移転に至るまでの無駄を省き、コスト管理の徹底により経済効率を確保するとしたのである。

そして共同開発国の整備を担う整備拠点（リージョナル・デポ）を世界に五カ所設置するとし、ＩＨＩもアジア太平洋地域の拠点としてオーストラリアと共に、エンジン整備を実施するとした。ＩＨＩには、すでに二〇一七年から新型エンジンの最終組み立て・検査（ＦＡＣＯ：Final Assembly and Check Out）の実績があった。

この具体事例で示されるように、すでに日本の軍需産業は着々と全面的な国際共同開発と、その結果として武器市場を確保し、武器生産と輸出大国への道を歩んでいる。それゆえイギリス、イタリアとの三カ国共同開発計画は、その限りでこれまでの武器輸出体制の延長に位置するものである。

以上の事例は、もちろん全てではなく一部に過ぎない。その他にも防衛整備庁は、相次ぎ共同研究・共同開発の告示をネット上に挙げている。例えば、Ｆ15慣性航法装置部品、ＳＭ３ブロックⅡＡ完成品部品、防弾チョッキ、防護衣、防護マスク、化学剤呈色（ていしょく）反応識別装置、高耐熱性ケース技術、次世代水陸両用技術、日米間のネットワーク間インターフェース、モジュール型ハイブリッド電気駆動車両システム、次期戦闘機の日英伊共同開発などのハード部品、次期戦闘機のインターオペラビリティを確保するための将来のネットワークに係る共同検討、次期戦闘機をはじめとした装備を補完できる、無人航空機などの自律型システムについての具体的な協力、人員脆弱性評価に関する研究、次世代RFセンサシステムの技術実証、ジェットエンジンの認証プロセス、などソフト面に関連するものなど実に多様である。

とりわけ、日本とフィリピンとの武器移転が活発に実行に移された前後から、日本は移転される防衛装備品・技術の取扱いに関する法的枠組み作りを進めた。

例えば、アメリカとは対米武器・武器技術供与取極を締結したのに加え、シンガポールと交渉が鋭意進められ、アラブ首長国連邦（UAE）とは二〇一二年九月に実質合意、イギリスとは二〇一三年七月に協定が発効、続いてフランスとは二〇一六年一二月に協定が発効、ドイツとは二〇一七年七月に発効、イタリアとは二〇一九年四月に発効、フィリピンとは二〇一六年四月に発効、インド二〇一六年五月に発効、オーストラリア二〇一四年一二月に発効、マレーシア二〇一八年四月に発効などとなっている。

「防衛装備移転三原則」の運用指針改正

「防衛装備移転三原則」への転換で、武器輸出への道が大きく広げられることになった。それは外国企業から技術を導入して国内で製造する「ライセンス生産」の防衛装備品の枠組みの新たな設定にあった。

つまり、ライセンス元の国への輸出を可能とし、これによって、地上配備型の迎撃ミサイル「PAC3」をライセンス生産によって、アメリカに輸出することが可能になったのである。アメリカ側からすれば逆輸入である。

これは自衛隊法上において「武器」と定義された品目を輸出する最初の事例となった。しかもここで重大な転換として挙げられるのは、日本の事前同意があれば、ライセンス元の国から第三国への輸出も可能となったことである。

日本はアメリカの忠実な同盟国である現状から、例えば日本で製造したPAC3がアメリカに輸出され、アメリカがそれをウクライナに輸出したいとした場合、日本が日本国憲法の平和主義を理由にして拒否することは可能かを問う問題が浮上する。

但し、現状として戦闘が行われている国への武器輸出は例外とされているので、アメリカからの事前協議があったとしても、日本は紛争当事国への武器輸出は、その限りでないと拒否することになっている。

そうした規定は守られるはずだが、その一方で砲弾の場合は見極めるのが困難である。現実にはアメリカはウクライナへの砲弾提供が甚大な数に上っており、アメリカ軍の砲弾備蓄が減少している。その穴埋めを自衛隊が備蓄している砲弾に頼る可能性がある。また、実際には自衛隊の砲弾がアメリカに輸出されていよう。だが、その実態や実数は明らかにされていない。

防衛省が把握しているライセンス元の国はアメリカ、イギリス、フランス、ドイツ、イタリア、ベルギー、スウェーデン、ノルウェーの合計で八カ国に上っている。そして、ライセンス生産した装備品は二〇二二年度までに、完成品と部品で少なくとも合わせて七九品目あり、このうち三二品目はアメリカがライセンス元となっている。

SIPRIの報告書から

武器輸出に拘ってきたが、ここでストックホルム国際平和研究所（Stockholm International Peace Research Institute、略称SIPRI）の二〇二三年版には、日本の武器輸入額が一一・九一億ドルに達し、世界で七位の位置にあると報告している。*63

日本の武器輸入相手国はアメリカであり、その武器移転の内実を日米安保条約に規定される日米同盟関係が決定していると指摘する。そうした構造は現在まで継続されている、と言って良いであろう。

そこでは次期主力戦闘機F-Xの日本独自開発計画がアメリカの圧力によって頓挫する事例などを紹介しながら、日本のアメリカからの武器輸入が日本の防衛装備の国産化、さらには自主的な国防計画の障害ともなっている問題まで論じている。

その一方で日本の軍需品製造技術の発達の結果、アメリカからライセンス取得してのアメリカへの武器輸出も活発であるとする。

但し、それは高度兵器に限定されており、むしろ日本の軍事技術がアメリカに移転する機会ともなっているとしている。

2　武器輸出の巧妙な手口

第三国への武器輸出解禁

岸田政権下で第三国への武器輸出が事実上解禁となった問題は、日本の戦後武器輸出・武器移転史にとって重大な画期となるものである。この問題のポイントは、まず武器移転史のレベルで言えば、ここに至る経緯は文字通り昨日今日に始まったことではなく、本書で要約してきた戦後日本の武器輸出の実態が色濃く反映されたものである。それは実に武器輸出のリスクをも背負いながら、軍需産業界の意向を汲み取り、武器生産と武器輸出による実績づくりに懸命となってきた歴代の自民党政権の宿願としてあった。

そして、今回の武器輸出・武器生産への大きな踏み出しの直接的な契機となったのが、本書でもすでに触れたように二〇一五年におけるオーストラリアへの潜水艦輸出の失敗事例である。当初はドイツ、フランス、日本が競合し、一時は日本有利と見られていたものの、フランスの政府を挙げてのサポートが功を奏したのか、フランスが競り勝った格好となった。[*64] しかし、その後アメリカが割り込み輸出元となることになった。現在、アメリカが七八〇〇トン級のバージニア級原子力潜水艦を二〇三〇年代に合計で五隻オーストラリアに輸出する方向で話が進められている。

因みに、潜水艦の輸出をめぐる武器輸出大国間での競合は激しくなっており、ロシアはベトナムに二三〇〇トン級のキロ型潜水艦六隻、韓国は大宇造船海洋が建造した一四〇〇トン級のディーゼル潜水艦をインドネシアに三隻、ドイツはティッセンクルップ・マリン・システムズが建造した二二〇〇トン級の218SG型潜水艦二隻をシンガポールにと言った具合である。

現在、日本政府は他国への防衛装備品の技術情報開示に積極的に動いており、最近でも二〇二四年六月には、オーストラリア政府からの要請で海上自衛隊の「もがみ型」護衛艦の技術情報開示に踏み切った。オーストラリア海軍は、日本を含めスペイン、ドイツ、韓国にも同様に技術情報の提示を求めており、今後これらの国々と受注競争が開始される見込みとなっている。

巧妙な武器輸出の実態

武器輸出の実態は不明な部分が実に多い。我々が知り得ている情報や資料もまた大いなる規制や情報不開示が目立つ。表に出てくる情報は限られ、加えて散発的であるだけに、水面下でいかなる力学が働いて輸出の実現、逆に輸出の失敗などが生起しているのか、一貫した情報把握は極めて困難である。

第一章で取りあげたように、一九六〇年代のペンシルロケットから始まった日本のカッパロケットの時代に、ユーゴスラヴィアが独自開発していた地対空ミサイルR-25ヴルカンの技術として軍事転用されたことは、先に触れた通りだが、その実態が明らかにされるまでには数多の時間が必要だった。また、同ロケットがインドネシアへ伊藤忠商事によって輸出されていたことは、当時インドネシアと様々な課題をめぐり軋轢を強めていたマレーシアが、カッパロケットの軍事転用の可能性を指摘して日本政府に抗議したことで、日本国内にもこれを懸念する声が挙がった。

この問題も含めて武器輸出への規制問題が議論となり、佐藤栄作政権下で武器輸出への、より具体的かつ実効性が担保された輸出規制策が採られた経緯があった。

第二次世界大戦における敗戦国であったドイツ、日本、イタリア三国間においても武器輸出の方針や実績の点で明確な差異が生じていた。すなわち、一早く武器輸出を再開したドイツは、二〇一八年段階ですでに世界で第四位に位置する武器輸出大国となっていた。ドイツの武器輸出の目玉は、戦車（レオポルド）と潜水艦（二〇九型潜水艦）であった。一方のイタリアも世界のトップテンに入っている（第一〇位）。レオナルドの航空機やオート・メイラーラの艦砲など卓越した性能として評価されている。

その意味ではイギリスもイタリアも、国際共同開発に極めて積極的であり、開発した戦闘機の輸出先探しでも、従来の実績を加味すれば決して困難でないだろう。この場合、輸出先として不適当と見なされているのが、いわゆる「紛争当事国」である。その確固たる定義は十分に詰められていないが、かつての事例で言えば、ベトナム戦争中における南ベトナム、韓国、フィリピン、オーストラリア、ニュージーランド、タイなどアメリカ支援の目的でベトナム戦争に軍隊を派遣した諸国となる。また、同様に大西洋上に浮かぶマルビナス島（スタンレー島）の領有をめぐり起きた、いわゆるフォークランド紛争当事国のイギリスとアルゼンチンである。

武器輸出先としてのフィリピン

防衛装備庁は、二〇二三年一一月二日、航空機などの動きを監視する国産のレーダー一基をフィリピンに輸出したことを発表した。防衛装備品の輸出ルールを定めた「防衛装備移転三原則」を踏まえて完成品の武器の海外輸出の嚆矢(こうし)となった。近年、日本とフィリピンとの関係は、安全保障問題を通して急速に関係強化が進められている。

これに関連して、二〇二三年一一月三日、岸田首相とフィリピンのマルコス大統領とがマニラで会談する。日本は、中国の海洋進出を警戒するフィリピンへの事実上の軍事支援に乗り出した。そこでは三菱電機が製造した沿岸監視レーダーなどを無償供与し、同国の海洋監視能力を向上させ、自衛隊との共同訓練も拡充するとの協定書に調印した。この協定書調印によって、日本はフィリピンもイギリス、オーストラリアなどと同様に同志国と位置づけようとしている。

この間、フィリピンとの安全保障分野での協力をめぐっては、今回のレーダーとは別に、政府は同志国の軍に防衛装備品などを提供する新たな枠組み、OSA（政府安全保障能力強化支援）を適用し、海洋の監視用レーダーなどを供与する方向で調整していた。このことはフィリピンも日本の武器輸出先として選定されたことを意味する。軍事支援と武器輸出の一体性を明瞭に語ってみせた協定である。

このように中国脅威論を口実としてフィリピンを同志国として選定し、武器輸出先としたのに続いて、日本政府の思惑は、二〇二四年七月一八日、千葉県房総沖で台湾海巡署の「巡護（シィンフゥー）九号」（高雄海巡隊所属）と海上保安庁の巡視船「さがみ」とが合同訓練を実施し、台湾との関係強化の結果として、台湾をも武器輸出先の対象国とする可能性をも予感させる。中国との国交正常化以前においては、先に記したように一九五〇年代には魚雷の輸出実績があり、その意味で「台湾有事」を口実に台湾への軍事支援も俎上に上ってくる日も遠くないかも知れない。

「死の商人」論をめぐって

武器輸出に奔走する軍需産業界に向けて発せられる「死の商人」論について、少し触れておきたい。武器は戦争の道具であり、その結果として相手の兵士や銃後の市民に死傷を強いる。そこから武器輸出や武器販売者に向けて死傷を招く商品を利益のために販売する行為が、非人間的行為であることから、そうした業者を「死の商人」と呼んできた。

そもそも武器商人を「死の商人」（merchants of death）と呼称するようになったのは、一九三〇年代からとされ、戦車や潜水艦、航空機、毒ガスなど新しい兵器群が登場した第一次世界大戦で巨利を得た武器製造者に対し、批判的な視点から用いられるようになった。そこでは防衛が目的だと言っても、それが武器である限り、インフラの破壊と同時に自国民をも死傷に追い込むという意味を含んでいた。

この用語は反戦運動・平和運動に関わる多くの人たちや組織が使用することで、武器輸出入の非人間性を訴える用語として頻繁に用いられる。「死の商人」という用語は、かつては、煙草産業や医薬品産業への批判にも使われることがあったが、今日では主に武器輸出関連企業や武器輸出業者を対象にして使われている。

「武器移転三原則」の実効性についての国会での質疑のなかで、日本共産党の山添拓議員が「死の商人」の用語を用いて政府の姿勢を質す場面を以下に引用しておく。

二〇二四年三月一三日に開催された第二一三国会における参議院予算委員会での日本共産党山添拓委員と岸田文雄首相との質疑応答の一部である。そこで山添委員は、岸田内閣が進める武器輸出の緩和政策について厳しく岸田首相に迫るなかで以下の発言をする。同委員は、武器輸出の緩和が国会審議をも経ず、閣議決定だけで事を運ぼうとする姿勢を問題としつつ、武器輸出規制が骨抜きにされている現状を正面から批判する。

山添委員　総理は、日本が要求する性能を実現するためには輸出による価格低減努力で貢献する必要があると言い、だから日本も輸出し、英国やイタリアと同じように貢献することが我が国の国益だと今日も述べました。価格低減、これはコストダウンというわけですが、要するに、それは輸出によって販路を拡大し、たくさん売ることによって利益率を上げるということです。もうけを大きくするために海外へ武器を売りさばくという発想は、死の商人国家と言われてもその批判を免れないのではありませんか。（傍点引用者）

これに応えて岸田首相は次のように答弁する。

岸田文雄首相　共同開発のプロジェクトに貢献することによって、この共同開発で目指すこの戦闘機の性能について我が国の国民の命や暮らしを守るために必要なものとする、こういったことで国益につながるということを申し上げております。この共同開発というものが装備品の開発において国際的にこの常識になっている、こういった状況の中で、我が国として国民の命を守るために必要なこの技術、能力、これを得るためにこのプロジェクトに貢献することは重要だということを申し上げております。

国際共同開発のプロジェクトが国益となること、また国際的に常識となっているとの答弁は、武器輸出を推進する政府や軍需企業の大方に通底するスタンスだが、国会の場でここまで赤裸々に答弁をされると、武器輸出を推進する本音が透けてみえてくる。その発言を受けて山崎議員はさらに次の質問を重ねていく。

山添委員　伺ったことには全くお答えいただいていないと思うんですよ。価格低減、利益率を上げる、軍需産業がもうけを上げることによって貢献し得るんだと、そういう説明をされてきていると思うんですね。国民の命と暮らしを守るためと言います。しかし、政府は、自衛隊は必要最小限度の実力としてきたわけです。ですから、その自衛隊のためだといって軍需産業がもうけを上げなければならない理屈はないと思います。二〇二二年四月、経団連が提言を発表しています。安保三文書の改定に向けて、武器輸出を位置付け、戦略を持ち、官民連携で進めようと記しています。それだけではないんですね。企業が契約上のリスクを負うのは難しいので、政府が発注を受けて軍需産業が納品し、政府の責任で輸出する仕組み、日本版FMSの仕組みも創設を検討せよと言っています。つまり、軍需産業が、自らはリスクは負わず、しかしもうけは確実に上げる、そういう仕組みを求めています。当時の岸〔信夫〕防衛大臣にこの提言を建議したのが三菱重工の泉澤清次（いずみさわせいじ）社長です。政府の有識者会議で更なる大軍拡をあおるなど、もってのほかだと思います。総理に伺いたいんですが、総理が時々口にされる平和国家とは何ですか。

国益と国際常識に資する武器輸出という答弁を繰り返す岸田首相に山添議員は、根本的な問題として平和主義や平和国家としての資格を自ら放棄するスタンスだとの批判を深めていく。そして、そもそも平和国家の位置づけをあらためて問わざる得ない質疑応答となっていく。これに対して岸田首相の答弁は、以下の通りである。

岸田首相　まず、防衛産業をもうけさせるためにこういった取組を行うという指摘は当たらないと思います。我が国の国民の命を守るために必要な能力、性能を得るためにこういった取組を行っている、こういったことであります。そして、平和国家とは何かということでありま すが、我が国は戦後一貫して専守防衛に徹し、そして他国に脅威を与えるような軍事国家、軍事大国にはならず、非核三原則を守る、こうした基本原則を堅持してきました。こうしたこの憲法の平和主義にのっとったこの精神、これがこの我が国の平和国家としての考え方であると認識をいたします。

山添委員は、これまで日本政府が平和国家としての内実を次々に放棄していった事実過程を具体的に述べるなかで、殺傷兵器の輸出が事実上平和憲法を骨抜きにし、軍需産業を潤す方向性のなかで平和国家日本を破壊しようとすることに深い憤りを吐露する。

そもそも岸田首相が述べた、「装備品の共同開発は国際的な常識だ。必要な技術・機能を得るために共同開発に貢献することが、国民の命や暮らしを守り、国益につながる」との答弁は、武器輸出が、一つは軍需産業界にとって大きな利益を生み出す可能性があるとの本音を語ったものであった。また、武器移転による武器の共同開発が、いわゆる安全保障の一翼を担うことへの期待感の表明であった。

そこでは同盟国や同志国との武器移転の活性化により、多国間軍事同盟路線を引き、将来的には武器移転と軍事同盟とをワンセットとして機能させ、日本の軍事的安全保障体制を強化しようとする判断が色濃く滲み出た見解を吐露する。武器移転の活性化と軍事同盟の強化によって結果するものが、強面の軍事国家であり、紛争や戦争をも重要な外交課題として定義されてしまう政治外交の変容には、全くの無頓着ぶりである。

多国間軍事同盟あるいは同志国との準軍事同盟関係の強化が、日本の平和外交を大きく阻害し、アメリカの主導する覇権主義に参入させられるリスクへの配慮は後方に追いやられている。抑止力が結局は軍拡を招来するものであり、同盟が戦争を招いた過去の教訓は、全く顧みられなくなっている。

この質疑のなかで山添委員も強調しているが、岸田政権の進めてきた安全保障外交とは、平和の実現のための日本の主体的選択を放棄し、他律的な選択のなかで日本国家と国民をむしろ危険に晒すことに繋がる、という想像力を全く欠いた判断を示したものだったのである。

日本版ＦＭＳの創設

ところで、二〇二二年四月一二日、日本経済団体連合会（経団連）が発表した「防衛計画の大綱に向けた提言」は、武器輸出では官民連携を強化し、共同して武器輸出の推進に向けた取り組みを提言している。いわば官民合同で武器生産が実行され、武器輸出へと繋げる手法は戦前において繰り返し行われていた。総力戦段階での戦争継続に官営工廠だけでは武器弾薬の生産が不可能ということで民営企業に武器生産を要請した歴史があった。[*65]

戦前における総力戦でも今日における戦争でも、膨大な武器生産の一方で巨大な利益確保を予定可能な軍需産業界は政官の深い連携を必要とする認識を十分抱いていた。ただ武器生産への設備投資や人材投入には膨大な経費が必要であり、期待される利益と予測される損失のバランスについては、企業側は相当の神経を使わざる得ない特異な産業であった。

　こうした予測される企業側が負うリスクを回避するためには、政府が発注して買い上げ、政府の責任で輸出する仕組みが必要と考えられた。企業が契約上のリスクを負うのは難しいとして、政府が発注を受け、軍需産業が納品し、政府の責任で輸出する仕組みの創設であった。それが、いわゆる日本版ＦＭＳ（有償軍事援助）の創設であった。

　そこで、「防衛計画の大綱に向けた提言」は、防衛装備品（武器）の調達予算が横ばい傾向を続ける中、装備品の高度化と複雑化とが調達価格を上昇させている現状から、安定的な生産体制の維持が困難となっていることを訴え、防衛産業基盤の整備・強靭化のための方針を政府が早急に明確にするよう迫る内容であった。

　こうした観点から、より具体的な提言として防衛生産・技術基盤の策定、軍需産業のサプライチェーンの整備・強靭化を挙げ、調達制度改革に乗り出すよう要望する。そして、防衛装備品の海外移転＝武器輸出については、海外移転を意識した国内開発の実施、官民の協力態勢や支援体制の構築、すなわち日本政府経由での装備移転＝武器移転の創設を提言している。

　因みに、ＦＭＳ（Foreign Military Sales）制度とは、アメリカ国防総省（ペンタゴン）が実施している対外軍事援助プラグラムのことである。輸出窓口が武器生産メーカーではなく、アメリカ政府、具体的には国防安全保障協力局が担っている。事実上、政府が武器の輸出入の窓口となることで大量の発注の機会が増え、同時に政府によって市場開拓や案内が行われ、輸出機会の増大にも結果するというもの。

また、武器輸入の場合にも、政府が介在することで、最新鋭の武器輸入も担保されるとされる。ただ、輸入の場合、当初設定された購入価格が支払い時に高騰する場合もあり、その場合は輸入者には不利となることもあるとされる。このＦＭＳを日本では「有償援助」と呼び、現在では主に防衛装備庁調達事業部輸入調達官が有償援助の調達にあたっている。要するに、日本においてもアメリカに倣い、武器輸出入＝武器移転は、政府の管理下に置かれ、政府の主導性が明確にされているのである。

迂回輸出

武器輸出が政府主導で進められるなかで、多くの問題が次々に指摘されている。なかでもイタリア、イギリスとの三カ国による戦闘爆撃機の共同開発が進められ、完成品の輸出が日本の貿易管理令の枠外で強行される可能性が出てきたことだ。軍需産業界は、武器輸出の拡大の一大契機として歓迎するが、これでは貿易管理が実質的に機能不全状態となることを意味する。

武器の輸出には厳格な規制を強いている現実の一方で、将来的には輸出規制が絵にかいた餅に過ぎなくなるとの不安を国民に与えている。先にも紹介したが、日本共産党の山崎拓議員が、二〇二四年三月一三日開催の参議院予算委員会で、こうした岸田政権の武器輸出の大幅緩和の問題を追及するなかで、武器輸出先の無制限な拡大につながる「防衛装備品移転三原則」の運用方針を「迂回輸出」の用語を用いて批判する質問を行っていた。

また、アメリカのレイシオン社からのライセンスで日本で生産したパトリオットをアメリカに輸出する事実が判明しているが、この日本製パトリオットがアメリカを経由して、日本から見れば紛争当事国など輸出規制のかかる国や地域に輸出される可能性が大である。事実、アメリカは日本から輸入したパトリオットをウクライナに提供している現実もある**【図1参照】**。

図1　ライセンス生産による武器輸出（与党の想定をイメージ化）

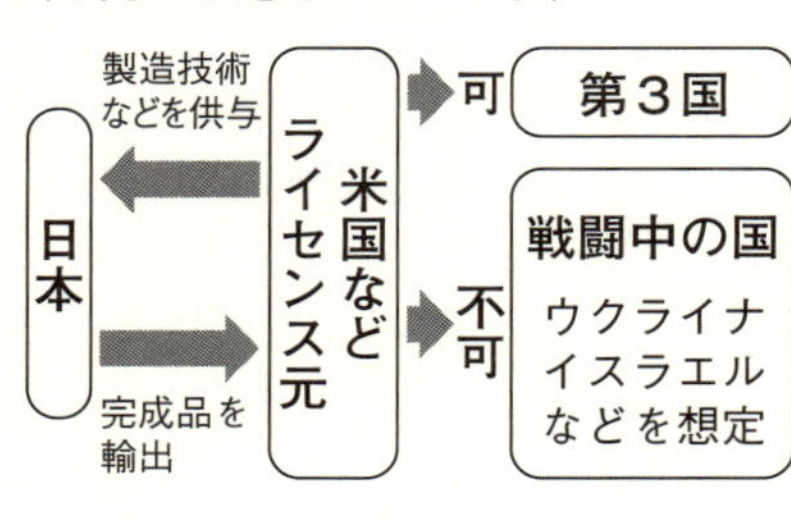

上図は、そのことを図式にしたものであり、アメリカという経由地を手にした日本は、紛争当事国の是非に関わりなく、日本製武器の購入を希望する国・地域には無条件で輸出することが可能となってしまう。[*66]

因みに、アメリカの地対空誘導弾パトリオットの輸出先使用国・地域（調達中含む）は、ドイツ、ギリシャ、イスラエル、日本、ヨルダン、クウェート、オランダ、ポーランド、カタール、ルーマニア、サウジアラビア、韓国、スペイン、スウェーデン、台湾、アラブ首長国連邦などに及んでいる。[*67]

第六章　二〇二〇年以降の武器輸出問題

国際武器移転の動きが二〇二〇年代に入って、一層激しくなっている。日本を含めて、武器生産と武器輸出の勢いが止まらない。日本も隣国の韓国に倣い、武器輸出大国への道を踏み込もうとしているといえよう。本書で触れてきたように、日本は戦争・被爆体験とそれに基づく世論の戦争や武器へのアレルギー、そして何よりも平和憲法である日本国憲法を戴く国家及び国民として、戦争に直接間接に結び付くものには強い抵抗感や嫌悪感を抱いてきた。それが武器輸出の根底的な歯止めとなってきた。だが、本章までで述べて来た通り、一進一退はあるものの、全体として武器輸出への重い扉がいま全面的に開かれようとしている。

「厳しいアジアの安全保障環境」なるフレーズが再三繰り返し喧伝され、中国の海洋進出を徒らに脅威と見立てる政治宣伝の効果も手伝ってか、国民世論は概ね防衛力増強、抑止力強化、そのための武器の開発・製造・輸出の動きにも肯定感すら抱いているようだ。保守政治家たちは、「国防」

を国家防衛と矮小化し、国民の安全については、二次的な捉え方をしている。領土と国家主権の防衛が優先され、市民社会の自由や人権の重さへ配慮は総じて稀薄である。

そうした今日の状況を見据えながら、本章では、新たな段階に入った日本の武器輸出状況を整理し、今後の展開予測も行っておきたい。

1　武器輸出規制なき時代に

逆輸出

「防衛装備移転三原則」が二〇一四年に閣議決定されて以来、その運用指針の改訂が二〇二三年一二月二二日に決定された。その結果としてパトリオットミサイルのアメリカへの輸出が決められたことは、戦後日本の武器移転史において、一つの分岐点となるものであった。ライセンス元の国への輸出は部分品を除き、完成品輸出は最初である。しかもパトリオットはアメリカのミサイル戦略を担う主要兵器であり、すでに記したように世界の紛争国をも有力な輸出国としていることから、日本が武器を媒介にして世界の戦争や紛争に間接的であれ関係性が生まれようとしていることである。

しかもここではアメリカが主要なライセンス元であることに変わりはないものの、現在日本はアメリカ以外の国からもライセンスを取得し、自国製として生産・輸出することも可能としている。「現に戦闘が行われていると判断される国へ提供する場合を除く」ものの、日本の事前同意があれば、ライセンス元の国から第三国に輸出できるのである。

しかも運用指針の改訂は、パトリオットミサイルの事例だけに留まらない。政府の言う安全保障面で協力関係のある国に、戦闘機のエンジンや翼などの部品の輸出をも容認するほか、防衛装備品の輸出をめぐり、それまでのルールとして、安全保障面で協力関係にある国への輸出の対象を「救難」「輸送」「警戒」「監視」「掃海」の五つの類型に限定してきたが、これも事実上骨抜きにされることになった。それまで公明党の強い反対があり、自民党と公明党間で鬩ぎ合いが続いてきたが、結局、公明党が折れた格好となった。

言わば武器輸出に関して、政府・自民党はフリーハンドを得たに等しく、今後、武器輸出の全面展開の危険性が一気に高まった感がある。要するに、今回の改正によって一定の要件を満たせば殺傷能力がある武器や弾薬の完成品についても輸出できることになったのである。因みに、二〇二二年までにライセンス生産した防衛装備品は完成品と部品とを合わせて合計で七九品目に上っており、このうち三二品目はアメリカがライセンス元となっている。つまり、アメリカ以外の国からのライセンス生産が半分以上を占めているのである。

アメリカへは最近になって注目を集めたパトリオットミサイル以外には、F15イーグル戦闘爆撃機、CH47チヌーク輸送ヘリコプターなどである。また、アメリカ以外には、イギリスに八一ミリ迫撃砲、フランスに一二〇ミリ迫撃砲、ドイツに九〇式戦車の砲身、イタリアに護衛艦の一二七ミリ速射砲、ベルギーに五・五六ミリ機関銃、スウェーデンに八四ミリ無反動砲を、ノルウェーに二〇ミリ多目的弾を輸出している。

こうした装備品はライセンス元の国からの輸出要請に従って実行するとされており、日本の武器移転状況が本格化していることを示している。加えて現在、日本が武器輸出を検討している装備品としては、政治問題化したイギリスとイタリアとの共同開発計画が決定した次期戦闘機及び弾道ミサイル用の迎撃ミサイルのＳＭ３ブロックＡの二種類となっている。今後においては、これらに続く装備品の共同開発・共同輸出が増えてくる可能性は大である。

武器輸出緩和政策への反応

武器輸出緩和に乗り出した岸田首相は、在任当時に日本の平和と安全を確保するには武器輸出は有効だとする相変わらずのワンパターンの発言を繰り返していた。林芳正(はやしよしまさ)官房長官も、「わが国にとって望ましい安全保障環境の創出などを進めるための重要な政策的手段である」との発言を行っている。武器輸出による武器や弾薬の備蓄が「望ましい安全保障環境の創出」を結果するという、およそリアリティーを欠いた判断を公にする。武器の存在が外交交渉や和平交渉、さらには相互理解の前進の障害となってきた歴史をも認めず、強硬外交の道具として武器を高く評価してしまうセンスを開陳する。そこでは対話と交渉による平和環境の構築こそ、政治の使命であることが完全に後方に追いやられているいわゆる識者のなかにも、武器移転の国際化が時代の要請だとし、「防衛装備移転」（＝武器移転）が日本の抑止力強化・向上に資し、平和と安定に貢献する、との考えを示す者もいる。武器移転が招来する結果については、すでに繰り返し述べてきたが、武器移転自体が抑止力向上・強化に繋がるとする結論は、主観的かつ恣意的な判断でしかない。確かに日本の〝仮想敵国〟とさえ見なされた中国の軍事力は数量的に拡大していることは間違いない。しかし、その中国も抑止力の向上・強化を図っているとするならば、日中間で相互抑止を口実に軍拡の連鎖の中に埋没していると言える。ならば、この連鎖を断ち切るのは、いうところの抑止力の向上・強化ではなく、平和力の向上・強化であろう。その展望を相互に提示しあう行為のなかで、非戦の関係性を構築していくことが最優先されてしかるべきである。徒らに武器移転に拍車をかけ、平和力の衰退に手を貸すことが、果たして平和実現を最終的な目標として提示する責務ある研究者や政治家、市民のあるべき姿であろうか。

ここでは抑止力なるものが戦争や紛争の防止や抑止とはならず、寧ろそれらを招来する危険性に注目すべきだと考えるが、ここではこれ以上述べない。ただ、相変わらずの抑止力の無批判的な姿勢を堅持するなかで、抑止力向上が戦争防止の決め手となるような判断を示すことには賛成できない。そこには戦争の可能性を削ぎ、平和実現を対話と交渉で構築しようとする意欲や戦略性が見えてこない。

武器移転の国際化・重層化が、日本の安全保障にとって有利に働く、と言った日本政府を中心とする議論が大手を振るっている。平和交渉より軍事的恫喝を外交防衛の基軸に据え置く限り、相互の信頼を醸成する可能性は低くなるばかりである。実例で言えば、今後日本は、アメリカを経由してウクライナへの間接的ながら武器支援を結果することになる。そうなるとロシア・ウクライナ停戦のための働きかけをする場合、一方の当事国であるロシアは日本の提言を信頼しないであろう。

　武器移転にブレーキをかけ、戦争・紛争当事国に中立的な立場を堅持して、和平交渉役を担うのが平和国家日本の国際社会から期待された役割ではないか。その役割を無制限に近い内容で、武器輸出の禁止及び管理体制を実質的に放棄することが、将来における日本の安全保障にとって、果たしてプラスとなるか、大いに疑問と言わざるを得ないのである。

「兵器工場国家」日本

　それどころではない。武器輸出規制の大幅緩和策の採用が近い将来もたらすものは、日本の「兵器工場国家」化という深刻な問題である。アメリカへの過剰な従属性、日本の武器製造技術の先進性、侵略戦争から教訓を得ようとしない非歴史性など、様々な理由を背景として、日本はアメリカの武器庫となり、国際武器移転の流れのなかで、武器だけでなく、武器に結果する部品などを含めた兵器製造先進国としての道を選択しようとしている。その帰結が「兵器工場国家」ということである。

　その途次にあるのが現在の武器生産・輸出をめぐる諸問題ということになる。アメリカはウクライナやイスラエルへの軍事支援のなかで、絶えず軍事支援物資の慢性的不足の状態に入っており、アメリカ一国では世界で多発する戦争や紛争への関与を物理的に支える武器支援には限界が見えてきた。これを補完するために、日本に対する武器輸入を求めてくるはずだ。アメリカの巨大な武器生産でも充当できない砲弾やミサイルなど消耗度の高い武器が優先的に選択され、武器輸入が加速され、それに呼応して日本の武器生産もそのピッチを上げることになろう。

日本と同様に隣国の韓国でも同様の事態が起きており、武器生産と武器輸出の量も飛躍的に増大している。中東やヨーロッパの紛争地と一定の距離のあるアジア地域におけるアメリカの二つの同盟国が、兵力（マンパワー）ではなく、武器輸出という新たな役割を背負わされている。そうした動きのなかで、日本の「防衛装備移転三原則」の改正と武器輸出禁止の緩和化が急速に進められているのである。

こうした動きは、近々では二〇二四年八月に入り、イスラエルとイランの支援を受けるレバノンのシーア派の武装組織ヒズボラやイエメンの反政府武装組織フーシ派との戦闘も一段と激化している状況から、アメリカはウクライナに続きイスラエルの軍事支援を大規模化せざるを得ない状況下にある。

ウクライナやイスラエルへの軍事支援を継続しているアメリカ以外の国の兵器も不足気味となっている現実から、日本や韓国に武器輸出の要請が高まる一方である。こうした現状を日本の軍需産業界が、千載一遇のチャンスと見なしていることも想像に難くない。こうした状況にありながら、日本政府は国会での審議も不充分のまま、国民の真意を問うこともなく、事実上、準戦争当事国の位置に身を置こうとしているのである。

このことは日本の軍需産業や防衛政策の根本的な変革を強いるものであり、それだけでも平和国家としての内実を自ら掘り崩すものだ。二度と加害者とならないと誓った平和憲法をも踏みにじる政策であり、それ自体が実質的な〝憲法破壊〟あるいは〝憲法放棄〟の政策と見なしてよいであろう。

同時に指摘しておきたいことは、「防衛装備移転三原則」の急速な緩和化は、以上論述してきたようにアメリカの軍需産業との対等な連携ではなく、日本の軍需産業がアメリカのそれと不平等な関係性のなかで深く連結されることである。こうした方向を日本政府及び日本企業が全面的に受け入れるとは思われない。それゆえ、日本政府の判断として、日米二国間同盟路線から同盟路線の多角化への舵切りが重要になってくる。イタリアとイギリスとの戦闘爆撃機の共同開発の選択は、日米従属関係の相対化と武器輸出事情の拡大を意図したものであることは間違いないであろう。

日本の軍需産業を詳細に検討してきたイギリスのウォーリック大学教授のクリストファー・ヒュージは、この点について、以下の様に論じている。

日米同盟と同時に、より広範な戦略的文脈における自律性と影響力を維持しようとするには、国内生産の維持と国際協力を模索することとの間で、バランスを採る新しい方法を見つける必要がある。日本国内での調達プロセスの改革は、円により多くの利益をもたらし、国際共同開発と輸出の拡大は、既存のモデルを維持するためのルートと考えられている。だが、日本がこの道を進み、その有効性を判断するにはまだ日が浅い。*68

ヒュージは現在における日本の武器輸出方針が大きな曲がり角に達しているとする。すなわち、それが実体かどうかは別としても、中国脅威論を口実とする〝東アジアの安全保障環境の変化〟に対応して、日本の外交防衛の戦略的転換を迫られている今日、大別して二つの進路の決定が早晩到来するという見立てである。

これを本書のテーマに関連して言えば、一つにはあくまで日米同盟の基軸とする安全保障体制の維持強化の枠組みのなか、アメリカが要請する負担に応え、日米軍需産業の連携、さらに進んで統合へと歩みを進めることだと言う。但し、その場合、日本の軍需産業及び武器輸出の拡充が結果するかも知れない。言わば日米統合過程の進捗は、同時に日本政府の外交防衛戦略も軍需産業及び武器輸出過程をもアメリカへの接合・一体化を余儀なくされる結果、日本の独立性・主権性のさらなる喪失が予見されることになる。

この点について、日本の保守層もさすがに諸手を挙げて賛意を表することはないであろう。ましてや武器輸出自体を支持しない立場からは、最も忌避すべき選択であり、進路である。

従って、もう一つの選択は日本が日米二国間だけでなく、日米関係の絶対化から相対化を果たすという一点において、アメリカ以外の国とも軍需生産パートナーを確保し、アメリカとの完全な接合、さらには包摂される状況の回避を志向するかである。既に日本政府は、日米豪印戦略対話（QUAD）の形成や準NATO国入りを切望する動きを果敢に見せている。そして、武器輸出や武器生産についても、イギリスやイタリアとの戦闘爆撃機の共同開発に乗り出している。こうした一連の動きは、脱アメリカの選択というより、アメリカとの対等性と信頼性を確保するためにも不可欠な選択だと判断しているからであろう。石破茂新首相が総裁選の最中の本年（二〇二四年）九月二七日、アメリカのハドソン研究所に寄稿した「石破茂が語る新たな日本の安全保障時代：日本の外交政策の将来」（原題は、"Shigeru Ishiba on Japan's New Security Era : The Future of Japan's Foreign Policy"）の内容も、奇しくもこれに合致する内容だ。

近年、日本の軍需産業や「安保三文書」の動きを踏まえ、日本の外交防衛戦略の転換に深い理解と分析を行っているヒュージのこのような判断に関連して、今後も日本の安全保障研究者からは、多くの議論が提出されることになろう。

これを私なりに言えば、アメリカとの対等性を担保する意味でのポスト・アメリカ論へと議論が発展していく可能性を期待するものだが、ヒュージは最終的には日本が現段階でポスト・アメリカ的な姿勢を選択する可能性を低位に見積もっている。つまり、二点目の可能性は低いと見積もっているのである。

その理由として、「（日米）同盟外の国際安全保障協力について日本が相対的に未経験であること、日米安全保障条約によってアメリカが日本に対して圧倒的な戦略的・政治的影響力を有していること、日本が共同開発できる最も重要な兵器プラットフォームが新鋭戦闘機や弾道ミサイル防衛（BMD）のようなアメリカ発のものであるという事実を考慮すれば、この選択肢は確かに困難であろう」[*69]と言い切っているのである。

ヒュージの結論に特に異議はないが、問題はアメリカの対日戦略である。アメリカとしては日本の武器輸出拡大の枠組みなかでアメリカをライセンス元とする武器の製造と輸出の増進を歓迎するはずである。そこにおいて日本政府及び軍需産業界が、対米輸出だけでは長期的な利益確保には限界があるとの分析判断を持った場合に、日米関係の是正を求めるだろう。それが脱米的な色彩を帯びるレベルに達した場合、アメリカはライセンス元国としての立場を見直すことになるはずである。アメリカも現在、韓国やイスラエルなど武器輸入国の多様化を図っており、日本だけに依存することにも注意を向けているはずだ。

その点で今後、武器移転をめぐる日米のある種の鬩ぎ合いが始まることも必至である。ただ、その前提条件として、日本の軍需産業界が利益の長期的拡大を志向するに至った場合である。だが、当面は日本の保守権力の構造が不変である限り、武器移転をめぐる日米摩擦が生起する可能性は決して高くない。日本の国際共同開発の進展をアメリカは、当面注視していくであろう。

2　拍車かかる国際武器移転のなかで

活発化する国際武器移転

日本の武器移転は、ここまで追ってきた国内の要因以上に、国際武器移転の活発化の流れのなかで動いていることを特に強調しておきたい。戦後日本の武器生産と武器輸出の問題は、言うまでもなく日米安保体制によって構造化した日本の軍事化の方向のなかで、それに係る政策が二転三転し、その内実が決定されてきたといえる。

同時に近年ではロシア・ウクライナ戦争、イスラエル・パレスチナ戦争を始め、世界各地で生起し続ける紛争や戦争の多発化・深刻化・継続化という展開のなかで、世界各国の軍事費も武器輸出・武器輸入（武器移転）の総額も飛躍的な伸びを示している。これは決して過渡的な現象ではなく、軍拡の利益構造が固着化していく可能性が高い。

二〇二二年一二月一六日に決定された、いわゆる「安保三文書」が武器生産と武器輸出を後押しする文書であった点は、すでに再三指摘されてきたことである。とりわけ「国家防衛戦略」と「防衛力整備計画」には、防衛装備品（＝武器）の販路拡大を推し進めることで軍需産業の育成を促すことが謳われた。そこに通底する文言は、政府主導と官民連携である。それによって海外市場の開拓に注力し、武器輸出市場の拡大を通して軍需産業の発展を期そうとする。要するに「軍産複合体」の形成を暗示するかのような文言が重ねて記された。

そこでは政府や岸田政権の常套句となった「厳しさを増すアジアの安全保障環境」への対応を口実とする自衛隊装備の拡充と軍需産業の成長を効果的に確保するとともに政府が主導し、官民の一層の連携の下に装備品の適切な海外移転を推進することが強調された。

また日本の武器生産と武器輸出は日米同盟関係を物理的に支えるだけでなく、中国の海洋進出に脅威を感じているアジア諸国への軍事支援を強く前面に打ち出していることが特徴である。それはアメリカ以上にアジア諸国を対象とする武器輸出拡大の絶好の理由とされている。これに呼応して武器輸出の拡大と継続を支えるため、政府は軍需産業に基金を設立して支援を組むとしたのである。政界・官界・財界・自衛隊が一丸となって武器輸出に大きく踏み出す体制が始動し始めたと言っても決して過言ではない。

それで政府・防衛省が公式のサイトで明らかにしている「武器移転三原則」に係る原則をそのまま引用しておく。

二〇二三年一二月二二日に一部改正された「防衛装備移転三原則」と「武器輸出三原則」については第二章の【表6】で比較表を示したが、ここでもう一度要約整理しておきたい。三原則とは、「1　移転を禁止する場合の明確化、2　移転を認め得る場合の限定並びに厳格審査及び情報公開、3　目的外使用及び第三国移転に係る適正管理の確保」である。このなかでは原則1が最も重要と思われるが、そこでは武器輸出禁止のケースとして、①我が国が締結した条約その他の国際約束に基づく義務に違反する場合、②国連安保理の決議に基づく義務に違反する場合、③紛争当事国への移転となる場合の三点をあげた。

以上の三点は、比較的に解り易い内容だが、これに対して、2の「移転を認め得る場合」の規定は極めてルーズと言うしかない。すなわち、「① 平和貢献・国際協力の積極的な推進に資する場合、②国際共同開発・生産の実施、③安全保障・防衛分野における協力の強化並びに装備品の維持を含む自衛隊の活動及び邦人の安全確保の観点から我が国の安全保障に資する場合」の三点だ。

①の平和貢献及び国際協力に資するとの日本政府の判断の客観性が何処（どこ）まで担保されているかである。また、③の「我が国の安全保障に資する場合」とは、一体具体的にいかなる状態を指すのか。

武器輸出の常態化による軍事同盟関係の強化が平和貢献・国際協力に資するとする非常に恣意的かつ危険な認識や判断が根底にあるのではないか。また、武器輸出が安全保障に資するとする場合、抑止力への過剰なまでの期待感が透けて見える。

要するに、ここでの規定は、武器輸出を強引に正当化するためのプロパガンダ（政治宣伝）でしかない。武器生産・武器輸出の規制を緩和するどころが、規制の全面解除に等しい今回の措置は、国際関係に必要以上の緊張関係を生み出し、「安保三文書」に謳われた仮想敵国には平和交渉の限られた余地さえ奪いかねないリスクを敢えて背負わせるものである。それがアメリカの圧力だとしても、日本独自の外交平和路線をかなぐり捨てるものとなる。

「防衛装備移転三原則」の一部改正が公表されたおり、政府は「官民一体となって防衛装備の海外移転を進めることにする。また、武器製造関連設備の海外移転については、これまでと同様、防衛装備に準じて取り扱うものとする」と武器輸出への意欲を赤裸々に言い切っている。つまり、最初に武器輸出ありきの目標のもとに、国民世論への情宣を実施しつつ、政府主導の下に武器輸出拡大の方向性が大胆にも明確に打ち出されたのである。

不透明な武器輸出の条件

日本政府は、二〇二三年六月一四日（公布）「防衛装備品生産基盤強化法」（正式名称は、「防衛省が調達する装備品等の開発及び生産のための基盤強化に関する法律」法律第五四号）を制定した。その第四節の第二六条には資金の貸付が盛り込まれている。貸付金を準備してまで軍需産業の育成・発展、武器輸出の拡充を推進する政府の思惑が透けて見える。しかしその思惑は幾重にもオブラートに包まれ、武器輸出への批判を周到に回避する手立てが文言上工夫されている。

しかし、これまでに実行された武器輸出の事例の一部を書き出すと次のようになる。

先ず、これは既に述べたものだが、二〇二〇年八月に、フィリピンへの警戒管制レーダーの輸出について契約が成立する。二〇二二年一二月、紛争当事国でありながらもウクライナに防弾チョッキ、防護衣、防護マスク等が輸送された。この折、これは殺傷兵器ではなく、防護装備であり「防衛装備移転三原則」には抵触しないとする判断が行われた。当初、いかなる武器にも輸出反対の姿勢を採っていた日本共産党も、防弾チョッキやヘルメットなどは殺傷兵器ではなく、あくまで身体防護を目的とする装備に過ぎないとして輸出を容認する姿勢に転換していた。しかし、同党の最終的な判断として、広義の意味においては戦争のツールの一種であり、武器に準ずる武器との判定がなされ、当初の判断に戻した経緯がある。

これより以前には、技術移転の範疇に入る相互交流が進められており、二〇一八年六月からは次世代機雷探知技術の共同研究や開発が、オーストラリア、アメリカ、フィリピン、フランス、ドイツ、インド、イギリスなどとの間に進められた。

武器輸出という場合、解り易いのは、警戒管制レーダー、TC－90ビーチクラフト機完成品の輸出である。F100エンジン部品体のように未完成品としての部品の類も頗る多い。また、画像による位置推定技術や複数無人車両の自律化技術などのソフト技術などに分別可能であり、これ等を合わせて広義には「武器」と括られる。従って、未完成品やソフト技術だから武器には該当しない、というのは正確ではない。政府は極力、武器の定義や概念を狭く見積もることで国民から武器アレルギーをかわそうとしている。

フィリピンへの武器援助

次に既述の分も含めて、二〇一〇年代以降における日本の武器援助について記しておこう。武器輸出と武器援助とは、重複する概念となるが、武器援助は政府・防衛省が当該国との政治軍事関係の強化の一環として、自衛隊保有の装備を無償又は有償で援助の形で輸出するものであり、その場合はいわゆる中古品であることが多い。

例えば、ＴＣ－90ビーチクラフト機については、海上自衛隊が保有していた五機をフィリピン海軍に向け、二〇一七年三月に二機、二〇一八年三月に三機を当初は有償貸付の形で移転されたものである。有償としたのは自衛隊法の縛りがあったからで、自衛隊法改正より、自衛隊で用途廃止・不用となったためである。それで装備品の開発途上地域への無償譲渡が可能となり、二〇一七年一一月、全ての機体が無償譲渡に切り替えられることになった。有償貸付から無償譲渡の切り替えを自衛隊法改正でクリアにする形で武器輸出先の開拓に資するとの判断がなされたのであろう。

フィリピンとの間では防衛装備品の事実上の輸出だけでなく、日本とフィリピンとの軍事関係を補完するように、これより先の二〇一六年九月に日比首脳会談の場で日本のフィリピン国軍への技術支援や教育支援も進められることになっていた。事実、二〇一六年一一月からフィリピン海軍のパイロット六名と同海軍整備要員六名の操縦教育及び整備技術教育が徳島航空基地（民間両用）所属の徳島教育航空群第二〇二教育航空隊で実施されている。

こうした実績を踏まえて、二〇一八年四月、フィリピン国防省は自衛隊で不要となったベル・エアクラフト社製の汎用ヘリコプターUH－1Hイロコイ（ヒューイ）の部品等について、無償譲渡を防衛省に依頼してきたことに対応し、翌年三月から部品の引き渡しが実施されるなど緊密な関係を取り結んでいる。

相次ぐ防衛装備品・技術移転協定の締結

二〇一〇年代以降、日本は防衛装備移転の名で諸外国との間に防衛装備品や技術の移転をめぐる協定を相次ぎ締結した。従来の協定締結は既述の通りだ。近年で言えば、二〇二三年五月二五日にアラブ首長国連邦（UAE）との間に「防衛装備品及び技術の移転に関する日本国政府とアラブ首長国連邦政府との間の協定」を締結した。その内容は以下の通りである。

第一条

1　一方の締約国政府は、自国の関係法令及びこの協定の規定に従い、2の規定に従って決定される共同研究、共同開発及び共同生産に係る事業又は安全保障協力及び防衛協力を強化するための事業を実施するために必要な防衛装備品及び技術を他方の締約国政府の使用に供する。

2　共同研究、共同開発及び共同生産に係る個別の事業又は安全保障協力及び防衛協力を強化するための個別の事業は、両締約国政府により、商業的採算及びそれぞれの国の安全保障を含む各種の要素を考慮して決定され、外交上の経路を通じて確認される。（第二条以下略）

これに類した協定は、これまでにもイギリス（二〇一三年七月）、オーストラリア（二〇一四年一二月）、インド（二〇一六年三月）、フィリピン（二〇一六年四月）、ベトナム（二〇一六年一一月）、フランス（二〇一六年一二月）、ドイツ（二〇一七年七月）、マレーシア（二〇一八年四月）、イタリア（二〇一九年四月）、インドネシア（二〇二一年三月）、タイ（二〇二二年五月）、スウェーデン（二〇二二年一二月）、モンゴル（二〇二四年八月）等とも締結している（第五章、一五一頁にも一部既述）。

また、現在パレスチナ・ガザ地区への空爆を敢行するイスラエルと日本との間で提供される防衛装備・技術に関する秘密情報を適切に保護するため、「防衛装備・技術に関する秘密情報保護の覚書」の署名が二〇一九年九月に実施されている。

以上が全てではない防衛装備・技術移転の動きは一段と拡大の方向にある。つまり、日本は国際的な武器輸出ネットワークの有力なメンバーとしての立場を占めているのであり、今後とも日本との武器移転の参入を目指す国や地域が拡がっていくことが予想される。

また、日本の武器生産は、高度な武器製造技術を保有していることから、他国からライセンスを取得し、武器生産に拍車をかけるケースが極めて多いのも特徴である。「防衛装備移転三原則」が緩和されたことから、殺傷能力の高い武器や弾薬であっても、一定の条件をクリアすれば輸出を可能とするケースが増えることが確実視される。

しかも従来ではライセンス取得先は、アメリカが圧倒的な比率を占めていたが、今日においてはアメリカ以外の他の諸国との比率が逆転している。

つまり、武器輸出問題とは完成品の輸出だけでなく、ライセンスの取得と譲渡という領域をも含む複合的かつ重層的なレベルでも拡大している現実がある。

終章

国際武器移転の実相

本章の最後に、拡がり続ける国際武器ネットワークのなかで、国際武器移転の動きがこれまでにない速度で進行している実態を概観しておきたい。日本の武器移転の動きも、そうした国際ネットワークの枠組みに組み込まれており、日本独自の問題ではない。様々な国際研究機関や研究者も、アジアにおいて韓国と日本の武器移転の動向に関心を抱き始めており、今後、国際武器移転の視点からする関心と研究、それを踏まえた議論を深めていく必要がある。そして、こうした国際武器ネットワークから離脱し、武器なき国際社会の構築に日本がどのような貢献が可能かを考えていかなければならない。

非武装非同盟という安全保障論の展開のなかで、武器移転の流れに歯止めをかけることこそ平和実現の重要な第一歩ではないか。そうした問題関心から、いまいちど国際武器移転の現状を概観しておきたい。

1　国際武器ネットワークのなかで

国際武器移転の現状

日本の内外における武器移転がここにきて非常に大きな動きを示している。そこでスウェーデンのストックホルム平和研究所（Stockholm International Peace Research Institute：ＳＩＰＲＩ）と並ぶイギリスの国際戦略研究所（International Institute for Strategic Studies：ＩＩＳＳ）が発行する『軍事年鑑（ミリタリーバランス）』（二〇二二年刊）に掲載された表を先ず引用しておこう。「主な兵器貿易国　二〇一七年〜二〇二一年」に記載された武器輸出入の順位と世界でのシェア（％）についての表である【表13参照】。

同書は武器輸出入に係る国際武器移転の趨勢は、刻々と変化する国際情勢に連動して変動していることを示している。米ソ冷戦期における武器移転の量的拡大は、ポスト冷戦期に相当する二〇一七年から二〇二一年の五年間は、二〇一二年から二〇一六年の五年間と比較して四・六％減少、二〇〇七年から二〇一一年の五年間は二〇一七年からの五年間に比較して三・九％の増大としている。この増減幅は相対的には決して大きくはないが、国際武器移転が第二次世界大戦後最も大きく伸長した一九七七年から一九八一年、一九八二年から一九八六年を合計して三五％の減少となっていると記す。

表 13　武器輸入の国別順位（2017〜2021年）

武器輸出国	（%）	武器輸入国	（%）
1．アメリカ	39.0	1．インド	11.0
2．ロシア	19.0	2．サウジアラビア	11.0
3．フランス	11.0	3．エジプト	5.7
4．中 国	4.6	4．オーストラリア	5.4
5．ドイツ	4.5	5．中 国	4.8
6．イタリア	3.1	6．カタール	4.6
7．イギリス	2.9	7．韓 国	4.1
8．韓 国	2.8	8．パキスタン	3.0
9．スペイン	2.5	9．アラブ首長国連邦	2.8
10．イスラエル	2.4	10．日 本	2.6

また、武器移転の傾向として一九五二年から二〇二二年の戦後七〇年間の主要兵器輸出国として六〇カ国を挙げているが、このうち上位の二五カ国で総輸出量の九九％を占めるとする。そのうちでもアメリカ、ロシア、フランス、中国、ドイツの供給国上位五カ国が七七％を占める。国際武器移転は量的には特定国の寡占状態にあると言って良いであろう。なお、二〇二〇年の数字だが、国際武器移転の総額は一一二〇億ドルに達し、これは国際貿易全体の〇・五％を占めるとしている。

また、数字が示しているように、世界の武器輸出大国としてのアメリカの圧倒的な数値である。アメリカは武器生産力と武器輸出力という点で一頭地を抜いているのは、世界各地七〇〇カ所以上の軍事施設を有し、駐留米軍基地や施設、部隊を展開するなかで、同時に武器移転を通して世界覇権に注力しているからである。つまり、武器移転を通してアメリカは同盟国や有志国のみならず、政治的な対立を引き起こしている国とさえ、武器移転策の展開で相互関係性を強くしている。武器移転の質量にわたる絶対性が、アメリカの世界覇権を担保している現実がある。

この表では日本の武器輸入額の世界に占める割合は二・六％で第一〇位となっている。武器輸出については、世界のトップテンには入っていない。しかし、シプリ（ＳＩＰＲＩ）以外の資料や報告書には、別の数字も提供されている。

例えば、二〇一六年一月八日付の『中国網』（Japanese.CHINA.ORG.CN）も第五章（一五三頁）で示したように、「二〇一五年世界軍事支出・兵器移転」（ＷＭＥＡＴ）の報告書を参考にして、二〇〇二年から一〇年間で日本の武器輸入額は一六六億ドル、年平均で一五億ドルとして、調査対象一七〇カ国のうちの首位となったと報じた。

『中国網』の解説では、日本にはアメリカの武器が大量に持ち込まれており、日本の武器生産の在り方をも強く規制しているとする。同時に日本も武器輸入大国となっている反面、次期主力戦闘機ＦＸの独自開発計画が結局はアメリカの戦闘機購入に結果していくように、その可能性を削がれている現実にも着目している。

こうした現実のなかで、日本側もいわゆる「委託加工」と言われるアメリカのライセンス取得と同時に武器製造技術の習得の機会を得ることで、将来的には世界有数の武器製造技術大国への道も開かれているとする。

つまりはアメリカからの武器輸入の増大とライセンス生産の拡大がグローバルな武器移転ネットワークにおいて、従来の遅れを取り戻し、最先端技術によって武器輸入大国から武器輸出大国への変転の可能性を読み取っているのである。

この解説は概ね妥当と思われるが、問題は日本の軍需産業及び日本政府、そして何よりも国民世論のなかで、武器輸出大国日本という進路に関する是非を問う議論がどこまで展開されるかである。今日におけるアメリカを経由してのウクライナへの武器支援が韓国の後を追う形で展開されようとしている現在、武器を媒介とする紛争当事国との深い繋がりによって、平和外交の柔軟な展開の道を狭めるリスクをどう考えるかが問われているのである。

膨張続ける世界の軍事費

ＳＩＰＲＩやＩＩＳＳなどが発行する資料によれば、二〇二三年の世界全体の軍事費は二〇〇〇億ドル（約三二九兆円）に達し、前年比で一割近くの伸びという。ロシアのウクライナ侵攻に絡めてウクライナ支援を継続するＮＡＴＯ加盟諸国の軍事費は三二パーセント増となっており、アジア地域でも中国の軍備拡張と〝海洋進出〟を脅威とみなす日本をはじめとする近隣諸国が急速な軍事費の増額に注力している状況である。

これを国別に追うと、第一位がアメリカの約八七七〇億ドル（約一一八兆円）、第二位が中国の約二九二〇億ドル（約三九兆円）、第三位がロシアの約八六四億ドル（約一二兆円）となっており、これら上位三カ国だけで世界の軍事費の五六％を占めている。*70

国際的な軍事費の高まりは、武器輸出にも反映されるところとなり、ＳＩＰＲＩの報告によれば二〇二三年における世界最大の武器輸出国はアメリカで二三八〇億ドル（約三二兆円）となっている。アメリカに次ぐ武器輸出国はフランス、そしてロシアの順である。

アジアでは近年特に注目されているのが韓国の武器輸出であり、特にウクライナ支援に全力を傾注しているポーランドへの武器輸出を活発に進めている。同国との二〇二四年の武器輸出契約額が約四〇兆ウォン（約四兆三九八二億円）に達している。主な輸出武器は、韓国国産の軽戦闘機ＦＡ50、Ｋ９自走砲、Ｋ２戦車である。

一方、世界の武器輸入国順は、インド、サウジアラビア、カタール、そしてウクライナとなっている。非同盟政策を原則とするインドは経済成長を反映して軍事力の強大化を進めており、中国との国境紛争をも潜在的に抱えている事情と、インド洋における海上覇権の確保を反映している。サウジアラビアとカタールという中東の石油大国は、昨今のイスラエルとイランとの対立の激化も反映して輸入増加に余念がない。

ロシアの侵攻を受けてから二年半余りとなるウクライナは国内総生産（ＧＮＰ）の三割以上に相当する約四四〇億ドル（約六兆円）の軍事費を計上しており、武器輸入を一挙に増大させた事情がある。同資料によれば、日本は第六位の武器輸入国と算定されており、世界の武器輸入の四・一％を占めているとされる。

こうした武器移転の活発化の背景には近年の戦争の多発化と継続化の要因があることは間違いない。それが従来の国際武器移転の構造的な変化を強いるものであるかどうか簡単に解答は出せない。ただ、ロシアのウクライナ侵攻を契機として、欧州連合（ＥＵ）は、ウクライナの軍事支援の継続化を念頭に据えて軍需産業の拡大を目的とする「欧州防衛産業戦略」（ＥＤＩＳ）を、二〇二四年三月七日に公表した。ここには注目すべき点が二つある。

一つには、国際武器移転の中心軸に位置するアメリカの圧倒的占有率を占める武器輸出の割合を相対化することである。二年以上にわたるウクライナへの軍事支援の結果、ＮＡＴＯ諸国は自国の防衛力を削ぐ危うさを感じ始めており、自国内での武器生産能力の強化を迫られていることだ。同時にウクライナへの軍事支援の継続が今後も続くと想定した場合、ＮＡＴＯ諸国自体の防衛装備品の自給率を向上強化することが求められていると判断していることである。

二つには、国際武器移転の大枠から言えば、国際武器移転状況におけるアメリカへの過剰な依存体質から脱却することで、アメリカの軍事戦略とは一線を画するＮＡＴＯ独自の防衛戦略の案出が求められていることである。脱アメリカのレベルというより、自国産の武器がアメリカを含め世界全体に新たな武器市場を開拓し、武器生産と武器輸出の裾野を広くしておけば、外交防衛の柔軟な戦略を採ることが一層可能となるとの判断が出始めていることである。

すくなくとも、アメリカ以外のＮＡＴＯ諸国では、中東地域におけるイスラエルとイランとの戦争に加担することを回避しようとし、ましてやアジアにおける米中対立などに参画することを拒否したいと考えているはずだ。

ただ、武器移転と武力紛争の活発さとは、表裏一体の関係にある点をも考慮に入れた場合、武器移転と紛争拡大の相互関係から脱却する術を編み出さないかぎり、この関係を断ち切るのは困難でもある。

日本の武器輸出入問題

こうした現代の国際武器移転の問題を取り上げる場合、武器生産・武器輸出対象国の拡大が非常に顕著となっており、いずれの国も自前の武器生産能力を維持するためにも武器輸出に実績を確保すること、同時に武器輸入による自国軍事力の強化と最新の武器生産技術の習得を図りたいと考えている。こうした過去と現在を通ずる課題のなかで、日本の武器生産と武器輸出の問題をどのように捉えたら良いのだろうか。実例を追うことで少し考えてみよう。

二〇二三年一一月三日、岸田文雄首相はフィリピンを訪問し、マルコス大統領との会談に臨んだ。そこで日本のフィリピン軍事支援が話し合われ、中国の海洋進出に備えての沿岸監視レーダーなどの無償供与及び自衛隊とフィリピン軍の共同演習を従来以上のレベルに引き上げることが決められた。日本のフィリピンへの武器輸出は、本書でもふれてきたように、すでに相応の実績があり、今回もそれを踏まえての武器移転の継続化が意図されたのであった。

日本はすでにイギリスやオーストラリアとの準同盟関係を進めているが、ここにきてフィリピンも準同盟関係国としての位置づけを決定づける会談であった。

フィリピンを含め南シナ海での中国の海洋進出に脅威と危機感を抱く東南アジア諸国連合（ASEAN）諸国では、沿岸警備力の強化に積極的に乗り出しており、フィリピン、マレーシア、シンガポールなどは、日本との軍事協力関係の強化に前向きとなっている。

日本側はこれを軍需産業強化、武器輸出の好機と見なしており、政府は軍需産業界とも連携して関係諸国との間と緻密な連携網の構築に奔走しているのが現状である。中国の国家統計局の発表では最新年度でおよそ三二兆円規模の国防予算を計上する中国に対し、フィリピンは年間の国防予算はおよそ二〇〇〇億ペソ（約五〇〇〇億円）程度である。物量で勝る中国人民解放軍に対してフィリピン軍は脆弱だ。フィリピンは沿岸警備力だけでなく、日本からフリゲート艦を購入することで海軍の強化を果たそうとしている。

そうしたフィリピンの状況は、今後日本がとりわけアジア諸国に武器輸出を増やしてく絶好のケースとして捉えている。事実、日本政府は、同志国軍を支援する枠組み「政府安全保障能力強化支援」（ＯＳＡ：Official Security Assistance）と併行して、自衛隊とフィリピン国防軍との相互往来を積極的かつ円滑に進めるための「円滑化協定」（Reciprocal Access Agreement：ＲＡＡ）の締結交渉にも入る。これまで日本がＲＡＡを締結した国はオートラリアとイギリスで、これに続くもの。[*71]

同様の協定に「米軍行動円滑化協定」（二〇〇四年六月成立。正式名称は、武力攻撃事態等におけるアメリカ合衆国の軍隊の行動に伴い我が国が実施する指揮に関する法律）がある。これは有事事態を想定したうえで、アメリカ軍と自衛隊との共同行動を円滑裡に進めるためである。また、アメリカ軍に様々な便宜を付与するものであり、日米同盟の実効性を担保する内容だ。これと較べると「円滑化協定」は、直ちにイギリス軍、オーストラリア軍、フィリピン軍との共同軍事行動を前提したものではないが、準軍事同盟関係国としての相互関係を構築し、平時において武器の持ち込みなど含めて協力関係を構築しておくものと言える。

従って、武器輸出を含め武器移転の問題とは直接は関係しないとは言え、これら諸国との平時からの共同性を高める過程で武器の提供あるいは弾薬などの相互運用性を確実に履行する思惑が秘められていることは想像に難くない。広義における軍事協力関係のなかで、相応の武器移転も併行して進行すると捉えるのが自然であろう

この点に関し、自衛隊幹部学校の石原明徳は「円滑化協定」について、「我が国にとっては、米国以外の諸外国との防衛協力をより強化する象徴といった意味合いをもつ[*72]」と肯定するが、相互防衛協力により、軍事関係が強化されることで一層の軍事的緊張を招来することは歴史観点からしても間違いなく、そもそも日本の平和主義の貫徹という視点からも極めて問題の多い評価ではないだろうか。

いま、防衛省関係者のなかに、抑止力論や同盟論への過剰な期待と依存が段々と深まっている。そのことが本当に日本国民の安全保護に結果するのか、いま踏み止まって再考するときであろう。

2　武器輸出支援に舵を切った日本政府

目立つ日本政府の支援強化

防衛装備品の調達に防衛庁（現在、防衛省）は、企業側に様々な便宜を図ってきた。その一つに

一般競争入札に代わるオプション契約制度がある。オプション契約とは本契約となるライセンス契約よりひとつ前の段階での売買手法の一つである。ライセンス契約が開発期間を含むため契約期間が長く設定されるのに対し、オプション契約は比較的短期間で取引が成立するメリットがある。一般取引でも通常行われる手法だが、売り手への便宜を図ることで武器取引を活発化させる目的のもとに設定された。防衛庁は契約額の二〇％まで前払いすることが認められており、企業側の資金調達のうえでもメリットとなる。こうした支援策によって防衛庁は所定の防衛予算内で多くの契約を取り結ぶことを可能としてきた。

この制度によって防衛装備品の国内調達割合が一九七〇年代から八〇年代にかけて二〇％から二五％まで伸びたとされる。こうした政府・防衛庁による軍需産業界への支援は、防衛庁及び自衛隊の高級幹部が防衛産業に再就職、いわゆる「天下り」を通じて、官僚と企業の癒着構造をも含め、両者の互恵関係が武器移転にも重要な役割を発揮している。

すでにアジア諸国との間には以上の「円滑化協定」と同時に、防衛装備移転を目的とする協定の締結が相次いでいる。その事例を書き出しておく。

二〇二一年三月三〇日、日本はインドネシアと外務・防衛担当閣僚協議を開催し、防衛装備品（武器）の輸出を目的とする「防衛装備品・技術移転協定」を結んだ。[*73] 同様の協定はアメリカを嚆矢に、それまでに九カ国と締結しており、インドネシアは一〇番目の締結国となった。インドネシアともすでに武器取引の実績があったが、相互に戦略的パートナーと位置づけ、今後武器移転の具体化に向けて協議していくとした。[*74]

さらに、インドネシアに続き、二〇二一年九月一一日、ベトナムを訪問した岸信夫防衛大臣とベトナムのホアン・スアン・チェン国防相とが会談し、防衛装備品の輸出を前提とする「日越防衛装備品・技術移転協定」に調印した。ベトナムへの日本の武器輸出は、まだ南北ベトナムが統一される前に、南ベトナム政府に日本製揚陸艦が輸出されている。

ところでアメリカの対外軍事援助にはアメリカ以外の国において援助対象装備品を調達する「域外調達」（ＯＳＰ：official selling price）があり、日本の造船企業がＯＳＰ適用の艦艇を建造し、いったん在日米軍に引き渡されてからアメリカ軍籍に編入された後、アメリカ軍から海上自衛隊及びベトナムをはじめとするアジア諸国に提供されている。こうしたアメリカのＯＳＰ適用の艦艇数は、相当数に上っている。[*75]

この方式によるアジア諸国への移転は、アメリカを経由しているがゆえに日本からの武器輸出というカテゴリーには組み込めないが、こうした方式による実質的な武器輸出も存在していることも視野に入れておくべきである。

海外移転許可数

これまでに武器輸出管理を統制する経産省が、二〇二一年度における防衛装備の海外移転許可数を公表している。[*76]

それによると同年度に経済産業大臣が行った防衛装備の海外移転の個別許可は、合計で一〇八六件を数える。これらを運用指針の類型に沿って分類すると次の通りとなる。この案件のうち、およそ九割が自衛隊の装備品の修理等のためとされている。

1．平和貢献・国際協力の積極的な推進に資する場合（二五件）
2．我が国の安全保障に資する場合（一〇三三件）
•国際共同開発・生産に関するもの（五四件）
•安全保障・防衛協力の強化に資するもの（一五件）
•自衛隊等の活動又は邦人の安全確保のために必要なもの（九六四件）
3．我が国の安全保障上の観点からの影響が極めて小さい場合（二七件）
4．武器輸出三原則等の下で講じられてきた例外化措置として、海外移転を認め得るものとして整理して審査を行ったもの（上記類型にあてはまるものを除く）（一件）

これまで述べてきたように防衛装備品の種類は、広範多義にわたっており、また、以上の区分も必ずしも客観的な数値で証明可能な訳ではない。当然、そこに政府・経産省の恣意的な解釈や規定の強引な読み替え事例も少なくない。したがって、ここでの件数「一〇八六」にどれだけの意味があるかは不透明でもある。ただ、指摘可能なのは防衛装備品のカテゴライズが難しくなっていること、ライセンス生産と非ライセンス生産、すなわち国産の装備品の区別が困難となっていることも事実であろう。そのなかで明らかなのは、広義であれ狭義であれ、対象の件数が確実に増大していることである。

防衛装備品生産基盤強化法

ロシアによるウクライナ侵攻によって、これら主要国の装備数に若干の変動はあるものと予想されるが、基本的に主要国は人員と装備の両方において削減が実行されている。換言すれば、軍縮の断行が着実に進められているのである。

そうした動きがある一方で、日本政府は防衛装備品の生産を支援するため、本書の第六章でも記した「防衛装備品生産基盤強化法」を制定した。そこでは①生産部品の供給網（サプライチェーン）の強化など「生産基盤の維持強化」、②武器輸出企業を後押しするために基金を新設、輸出向けに仕様を変更する際にかかる経費などを支援する「輸出支援」、③日本政策金融公庫による融資の優遇措置などの「金融支援」、④武器製造企業の経営が困難となった場合、企業の製造施設を国が一時的に取得するなどの「国有化」、⑤防衛省が提供する機密性の高い情報を漏洩した企業の従業員らに刑事罰を科す「秘密保全」の五項目の充実を図るとした。

政府の武器輸出企業への徹底した梃入れが明らかである。まさに国策として武器製造企業を手厚く保護・支援することで武器製造企業の安定化を政府が主導して措置する内容だ。戦前は軍工廠と民間企業が武器生産を担った。国営の軍需工廠不在の現在、これの代替として民間企業の全面支援に傾注する法律が、この「防衛装備品生産基盤強化法」である。

こうした法的措置を採ることに踏み切った背景には、オーストラリアへの潜水艦輸出、さらにイギリスへの哨戒機、インドへの救難飛行艇の輸出実現が目前に迫りながら、結局は商談が未成立に終わるか、交渉が難航している現状も背景にあった。商談不成立の原因は複合的な理由であるが、日本側は輸出品が相手側の予測する以上に高価であったことが主因と考えている。

輸出機会を増やすことで、輸出単価を引き下げない限り、たとえ技術力や性能で競争相手国と互角以上であっても最終的に落札は困難との判断があった。輸出企業や防衛省では、武器の高性能化か価格の低価格化かの非常に困難な選択を迫られているのが現実である。

ただ、この問題をめぐっては、すでに様々な見解が噴出しているところである。こうした議論のなかで、武器輸出の拡大を支持する研究者たちからの声が大きくなり始めている。例えば、平和研究所の西川佳秀は、次のような指摘を行っている。

そもそも防衛装備品の性能や開発のコンセプトはその国の国防政策と密接に関わる。専守防衛原則等諸外国に比べ制約が大きいなどの特異な自衛隊の行動パターンに合わせて生産される装備品をそのままの仕様で輸出しても諸外国はそれに魅力を感じるだろうか。装備品の低価格化を実現するため海外向け輸出の量を増やしたいのであれば、早晩日本の防衛政策や自衛隊の位置づけを諸外国基準に改める覚悟が求められてくるのではなかろうか。*77

この議論は武器輸出の増大を望む側からすれば合理的な判断となろう。しかし、武器輸出の増大のために自衛隊の専守防衛戦略を転換し、装備品の低価格化によって武器生産と輸出の拡大を志向することで結果するのは、紛争や戦争との関係性が常態化することであり、平和主義の徹底による国民の安全を実現しようとしてきた戦後日本の選択すべき道を放棄することである。こうした議論の行き着く先に、退陣表明の直前から岸田前首相の口にした自衛隊の憲法明記を突破口とする憲法改正の動きが石破茂新政権下で進む可能性を否定できない。

国際武器移転の波動に便乗するのではなく、安全保障のジレンマと軍拡の連鎖を断ち切ることが戦後日本国民に寄せられた国際社会からの期待ではなかったのか。武器輸出と武器輸入の問題を同時的に捉える国際武器移転をキータームとして、さらに検証を続け、武器なき社会、武器輸出に依存しない健全な産業構造への立ち返りが、今後私たちの大きな課題となろう。

注

序章　再軍備の開始と軍需産業の復活

1　小山弘建『日本軍事工業の史的展開』御茶の水書房、一九七二年、三三四〜三三五頁。この他に、東洋経済新報社編『昭和産業史』（第一巻、一九五〇年）やJ．B．コーヘン『戦時戦後の日本経済』（下巻、岩波書店、一九五〇年）等参照。

2　MSA法の「付属文書A」には、「アメリカ合衆国政府が日本国の防衛生産の諸工業の資金調達を援助するよう考慮するならば、日本国の防衛能力の発展は著しく容易になるべきことを述べた」と記されていた。

3　ジョン・パーマ「日本の防衛産業は今後如何にあるべきか」（防衛省防衛研究所編『防衛研究所紀要』第一二巻第二・三号、二〇一〇年、一一八頁）。

4　経済部・金融課「わが国再軍備の経済的負担」（国立国会図書館調査立法考査局編刊『レファレンス』第三六号・一九五四年一月、三四頁）。

5　一九五四年における三案の軍事予算案は、保安庁案が日本側軍事費一一八〇億円、米MSA援助一〇八〇億円の合計二二六〇億円、経済審議会案が同様に一〇三八円、八〇一億円の合計一八三七億円、大蔵案が七六四億円、五四〇億円で合計一三〇四億円であった。同上『レファレンス』（第二表ロ、三二頁参照）。

6　同右（『レファレンス』第三六号、三五頁）。

7　なお、ヨーロッパにおける軍備拡張計画の実態とMSA援助の問題については、藤井正夫「西欧軍拡計画と米国MSA援助」（『レファレンス』第三一号・一九五三年）、山越道三「西独の再軍備と財政経済乃至人的資源」（同、第五三号・一九五五年六月）等が参考となる。

8　『官報号外 第一九回参議院会議録』第二一号・一九五四年三月一九日、二九九頁。

9　石井晋「ＭＳＡ協定と日本　戦後型経済システムの形成(1)」（学習院大学『経済論叢』第四〇巻第三号・二〇〇三年、一七九頁）。

10　実際に当該期日本の経済史から言えば、中村隆英は「日米『経済協力』関係の形成」（近代日本研究会編『年報 近代日本研究4 太平洋戦争』山川出版社、一九八二年）のなかで、「この時期が戦後三〇余年の日本史のなかで、もっとも再軍備と軍需生産に傾斜した時代であった」としている。

11　『第一九回参議院予算委員会議事録』第二六号・一九五四年四月二二日、四頁。

12　朝雲新聞社編『日本の防衛』朝雲新聞社、一九五八年、三九頁。

13　『第一九回参議院予算委員会議事録』第二六号・一九五四年四月二二日、一一頁。

14　同右、第二七号・一九五四年四月二三日、九頁。

15　同右。

16　『第一九回参議院予算委員会議事録』第二八号・一九五四年四月二四日、七頁。

17　そうした戦前期の事例については、纐纈『日本の武器生産と武器輸出』（緑風出版、二〇二三年）を参照されたい。

18　『第一九回参議院予算員会議事録』第二六号・一九五四年四月二二日、一一頁。

19　経済団体連合会防衛生産委員会編刊『防衛生産委員会十年史』、一九頁。

20　経済審議庁計画部計画第二課「経済一般・経済一般昭和二八年～昭和二九年(7)」（アジア現代資料センター〔以後、ＪＡＣＲＡ〕蔵、Ref.A18110493200「1．対日ＭＳＡ援助に関する米側見解」画像二八六頁）。

21　同右、画像二九九～三〇〇頁。

22　経済部・金融課「わが国再軍備の経済的負担」（国立国会図書館調査立法考査局編刊『レファレンス』第

三六号・一九五四年二月、二九頁)。

23 同右。

24 因みに、以上の二案以外の保安庁案(昭和二九年~三三年)の防衛費総計一兆四九六〇億円(日本側軍事費九五六〇億円、米側MSA援助五四〇〇億円)、経審案の防衛費総額一兆二一六二億円(日本側負担分八〇九〇億円、米側MSA援助予想四〇七二億円)、大蔵案の防衛費総額八九七〇億円(日本側軍事費六二七〇億円、米側MSA援助二七〇〇億円)となっていた。(同右、三二頁)。

25 宇佐美誠次郎「MSA援助は耐乏生活を要求する」(『中央公論』第七八一号・一九五三年一一月、一〇四頁)。

26 木村禧八郎「防衛生産の進行による日本の變貌」(『中央公論』第七七三号・一九五三年四月、〔「防衛生産」問題特集〕、九一頁)。

27 平井萃五「防衛生産計画を推進するもの」(同右、一一〇頁)。

28 実際に当該期における日本の武器輸出の一端は、「日本は、一九五三年、タイに三七ミリ砲弾を輸出し、他の武器もビルマ、台湾、ブラジル、南ベトナム、インドネシア、米国に輸出されたが、数量的には多くはなかった。一九六〇年代中盤まで、日本の防衛産業は自衛隊、及び成長する防衛産業基盤の需要を満たすことに集中した」(ジョン・パーマ「日本の防衛産業は今後如何にあるべきか」(防衛省防衛研究所編刊『防衛研究所紀要』第一二巻二/三号・二〇一〇年、一一九頁)とする指摘がある。

29 櫻川明巧「日本の武器禁輸政策」(『国際政治』第一〇八号・一九九五年、一二五頁)。

30 これに関連して経団連のなかには、「現在、日本の兵器生産は米国の特需をベースとして再開されている。したがってこれを計画的に進めて行くには、日本自体の受入態勢の整備と併せて、発注が一定の見通しをもって計画的かつ継続的に行われることを不可欠の要件とする」(「兵器工業再開と今後の問題点　防衛生産委員会の作業に関する総括的報告」『経団連月報』第1巻第三号・一九五三年三月、三四頁)とする見解があった。

31 前掲『防衛生産委員会十年史』一八三頁。

32 南ベトナムへの派遣問題については、沢井実「朝鮮戦争特需以後における経団連防衛生産委員会の模索—日本技術協力会社の設立と南ベトナムへの技術者派遣—」（南山大学紀要『アカデミア』第三二号・二〇二二年一月）を参照。

33 前掲書、二〇二頁。品目別では、弾薬・火薬七四万四〇〇〇ドル、航空機四一四万ドル、船舶五八万四〇〇〇ドル、車両部品一五七万四〇〇〇ドル等。

34 出典は、村上薫『日本防衛の構想』（サイマル出版会、一九七〇年、一九九頁）。また、坂井昭夫も「武器輸出の伏流」（『関西大学商学論集』第三二巻第一号・一九八七年四月、五頁）で引用している。

35 吉原公一郎『日本の兵器産業』ダイヤモンド社、一八八二年、五二頁。

36 同上。

37 鎌倉孝夫『日本の軍事化と兵器産業』日本社会党中央本部機関紙局、一九八一年、一六〇～一六一頁。

38 同右、一五五～一五六頁。

39 鹿島平和研究所編『日本外交主要文書・年表』第一巻、原書房、一九八三年、七三七～七三九頁。

第一章　武器輸出規制強化と「佐藤三原則」

40 望月衣塑子『武器輸出と日本企業』ＫＡＤＯＫＡＷＡ・角川新書、二〇一六年、一〇一頁。

41 国会議事録検索システム『衆議院議事録』五五回国会　衆議院　決算委員会第五号、一九六七年四月二一日。

42 出典は以下の通りである。William Shaw, *"A Report Prepared under an Interagency Agreement by the Federal Research Division, Library of Congress July 1986"*, LC THE LIBRARY OF CONGRESS/JAPANESE FOREIGN MILITARY SALFS(FMS) PROGRAM,P8 (Federal Research Division Library of

Congress Library of Congress Washington, DC20540-4840).

43　同右、一〇頁。

第二章　武器輸出をめぐる内圧と外圧

44　「輸出貿易管理令」（昭和二十四年政令第三百七十八号）の前文と第一条と第二条を引用しておく。

内閣は、外国為替及び外国貿易管理法（昭和二十四年法律第二百二十八号）第二十六条、第四十八条、第四十九条、第六十七条、第六十九条及び附則第四項の規定に基き、並びに同法の規定を実施するため、この政令を制定する。尚、巻末の【関連資料】として、第一条から第一四条まで収録している。

（輸出の許可）

第一条　外国為替及び外国貿易法（昭和二十四年法律第二百二十八号。以下「法」という。）第四十八条第一項に規定する政令で定める特定の地域を仕向地とする特定の種類の貨物の輸出は、別表第一中欄に掲げる貨物の同表下欄に掲げる地域を仕向地とする輸出とする。

2　法第四十八条第一項の規定による許可を受けようとする者は、経済産業省令で定める手続に従い、当該許可の申請をしなければならない。

（輸出の承認）

第二条　次の各号のいずれかに該当する貨物の輸出をしようとする者は、経済産業省令で定める手続に従い、経済産業大臣の承認を受けなければならない。

45　「衆議院予算委員会　第一八号　一九七六年二月二七日」（国会議事録検索システム『衆議院議事録』から）。以下引用する国会での審議録も同様の検索システムからである。

46　前掲、William Shaw、八頁。原文は以下の通りである。Despite Tanaka's statement, Japanese arms exports expanded in real terms during the period from 1972 to 1976, as compared with the preceding

5-year period. Japan's arms exports during the period from 1967 through 1971 totaled $48 million (in 1975 constant dollars), then doubled to $97 million during the period from 1972 through 1976.

第三章　空洞化する武器輸出規制

47　以上の点については、森本正崇『武器輸出三原則』（信山社、二〇一一年）など参照。

48　正式名称は、「防衛目的のためにする特許権及び技術上の知識の交流を容易にするための日本国政府とアメリカ合衆国政府との間の協定」（英語名＝Agreement between the Government of the United States of America and the Government of Japan to Facilitate Interchange of Patent Rights and Technical Information for Purposes of Defense）。

49　同協定の「4　アメリカ合衆国政府は，前項の規定に関し，次のことを約束する。」には、以下の文言が記されている。

(a)アメリカ合衆国で特許出願が秘密に保持されていることを、合意される手続に従って、その特許出願の対象たる発明についてされる協定出願の出願の日以前に日本国政府に通告すること及び協定出願の出願人がその願書に協定出願たることを証明する適当な書面を添附することを確実にするように最善の努力を払うこと。

(b)アメリカ合衆国で秘密に保持されている特許出願の対象たる発明について日本国で協定出願がされているときは、その特許出願のアメリカ合衆国における秘密保持が終止したことを、合意される手続に従って、日本国政府に通告すること。

50　この点に関連して坂井昭夫は、「武器輸出の伏流」（『関西大学商学論集』第三二巻第一号・一九八七年四月）のなかで「武器技術のうちには、その供与を実効ならしめるために必要な物品であって武器に該当するものも含められたので、今や試作品での名目での武器本体の対米輸出も可能であるし、アメリカを通じて日本の軍事技術及び軍用機器が第三国に輸出される近未来の情景も想像にかたくない」（同、一二〇頁）と指摘する。

坂井のこの三七年前の指摘を現在の対米武器輸出を中心とする国際武器移転の肥大化を観る時、おそらく坂井が想像した以上の展開を目の当たりにしていると言えよう。坂井の論文タイトルに絡めていえば、武器輸出の「伏流」が、いまや「本流」となったと比喩できようか。

51 前掲、William Shaw "*A Report under an Interagency Agreement by the Federal Division, Library of Congress*", p. 9. July 1986".

52 前掲『日本の軍事化と兵器産業』、一七二頁。

53 同右、一七七頁。

54 『一九八三年度版　防衛白書』。防衛庁のサイト（http://www.clearing.mod.go.jp/hakusho_data/1983/w1983_0.3ht）から。

第四章　国際武器管理体制の実相

55 吉原公一郎『日本の兵器産業』ダイヤモンド社、一九八二年、一二六頁。同書の一二七〜一二九頁には、砲身類七七六個、砲尾環（ほうおかん）類七四七個、尾栓（びせん）類八〇四個、砲尾栓（ほうびせん）・薬室一一五七個など合計で三四八四個など、堀田ハガネが関わった製造、出荷した数量の詳細なデータが紹介されている。

56 砲身の後部と結合して閉鎖機、その他の砲尾機構を収容又は支持する装置のこと。

57 一九四六年六月一一日、アメリカ上院で決議されたもの。孤立主義と訣別し、ヨーロッパでの軍事的共同防衛への参加を認め、NATOに加盟する。

58 キャッチオール規制（補完的輸出規制）とは兵器に転用されうる貨物と技術がテロ組織などに渡らないようにするため、一六項該当の貨物や技術が、用途や最終需要者（エンドユーザー）の観点から、大量破壊兵器・通常兵器の開発等に用いられる懸念がある場合に、経済産業大臣の許可が必要となることを言う。

59 ヘリコプターのエンジンの駆動力を上部のメインローターやテールローターに伝える部品で、動力伝達系統の重要機器。

60 経済産業省『安全保障貿易管理ガイダンス〔入門編〕』（二〇二四年五月）に「参考　リスト規制一覧」（七頁）が掲載されている。

61 輸出令別表第3の国と地域は以下の通り二六カ国である。【南北アメリカ】アルゼンチン、カナダ、アメリカ合衆国。【ヨーロッパ】オーストリア、ベルギー、ブルガリア、チェコ、デンマーク、フィンランド、フランス、ドイツ、ギリシャ、ハンガリー、アイルランド、イタリア、ルクセンブルク、オランダ、ノルウェー、ポーランド、ポルトガル、スペイン、スウェーデン、スイス、英国。【オセアニア】オーストラリア、ニュージーランド。

62 経済産業省編刊『安全保障貿易管理ガイダンス〔入門編〕』第二・三版、二〇二四年五月、四頁。

第五章　国際武器移転の本格化

63 次のURLを参照。http://www.sipri.org

64 詳しくは、望月依塑子「第2章　国策化する武器輸出」（池内了他編『武器輸出大国ニッポンでいいのか』所収、あけび書房、二〇一六年）参照。

65 詳しくは、前掲『日本の武器生産と武器輸出』（緑風出版）の「第一章　武器生産をめぐる軍民関係と軍需工業動員法」を参照されたい。

66『しんぶん赤旗』二〇二四年三月一四日の電子版より。

67 English Edition by Mark Cazalet & Jon Hawkes(ed) "*Janes Land Warfare : Platforms: Artillery & Air Defence (2022-2023)*" ,Hardcover–June 15, 2022.

第六章　二〇二〇年以降の武器輸出問題

68 Christopher W. Hughes, "*Japan's defence industry: From indigenisation to exploring internatinalisation*", Edited by Keith Hartley and Jean Belin, "The Economics of the Global Defence Industry", Routledge, LONDON & NEW YORK, 2020.
なお、原文は以下の通りである。
Japan's national reach, and thus there is a need to find a new way to strike a balance between maintaining domestic production and seeking international collaboration in order to attempt to preserve a measure of strategic autonomy and leverage in the US-Japan alliance and broader strategic contexts. Japanese domestic reform of procurement processes mat deliver more bang for the yen and international co-development and growth of exports are seen as the routes to sustain the existing model, although it is early days as yet for Japan down this path and to judge its efficacy.

69 同右、Hughes, "Japan's defence industry", P.432.

終章　国際武器移転の実相

70 数字の出典は、ＳＩＰＲＩが発行する"TRENDS IN WORLD MIRITARY EXPENDITURE, 2022"

71 「日英円滑化協定」は、二〇二三年一月一一日に調印。「日豪円滑化協定」は、二〇二二年一月六日に調印。

72 石原明徳「コラム　日豪円滑化協定の概要について」（『海幹校ＳＳＧコラム』第一九八号（二〇二一年五月二一日）を参照。

73 現在「防衛装備品・技術移転協定」を締結しているのは、アメリカ、イギリス、オーストラリア、フランス、イタリア、ドイツ、インド、フィリピン、マレーシア、インドネシアなどである。

74 インドネシアには、一九六一年に戦争賠償船舶としてインドネシア海軍向けに潜水母艦一隻、揚陸艦一隻が引き渡されている。

75　石原明徳「『日越防衛装備品・技術移転協定』締結と知られざる日本製揚陸艦」（『海幹校ＳＳＧコラム』第二一〇号・二〇二一年一一月一〇日）には、ＯＳＰを適用して日本企業が製造したアメリカ海軍中型揚陸艇ＬＣＵ－一四四六級が一四隻あり、石川島重工業や浦賀船渠の二社が受注していると記している。

76　経産省の該当情報については、次のＵＲＬからアクセス。
www.meti.go.jp/press/2022/03/20230331004/20230331004.htm

77　西川佳秀「〝有事化〟する世界─軍事費・武器取引・防衛産業の動向と日本の取り組み─」（平和政策研究所編刊『国際情勢マンスリーレポート』第一四号・二〇二四年四月三〇日、一二〜一三頁）。
　その一方で経済史家の小野塚知二（東京大学名誉教授）は、日本の武器輸出大国化の可能性を否定しながらも、武器輸出に前のめりとなっている日本の姿勢を厳しく批判する。その代表的論考として、「武器輸出とアベノミクス─課題先進国の誤った選択」（『世界』第八八三号・二〇一六年六月）、「『死の商人』への道─武器輸出・軍事研究とアベノミクスの隘路」（月刊保団連』第一二四五号・二〇一七年八月）などがある。特に最近における「『武器を外国に売らない』ことこそ大切な倫理的価値」（『朝日新聞』二〇二四年五月九日付）との発言は、根源的な課題の提起と言えよう。

あとがき

本書で繰り返し用いた「国際武器移転」の用語は、いまだに十分な市民権を得ていないかもしれない。完成品としての武器に係る装備を防衛省は、「防衛装備品」と呼称している。しかし、本書でも述べて来た通り、現代における「武器」の概念は多様化しており、詰めて言えば、武器の範疇は無限に近い。汎用性の用語で説明されるように、普通の装置が武器化する。つまり、ドローンのように使い手によっては自在に武器となる可能性は極めて高いのである。乗用車に機関銃を搭載した途端に「武器」とカウントされる。

そして完成していないので、純粋には武器ではないが、武器化する過程を「準武器」なる用語で説明する場合もある。また、武器製造技術も、その意味で言えば「準武器」と呼んでも良いかもしれない。そして広義における武器が国境を越えて移出入する事態を「武器移転」（Armed Transfer）と一括して表す。

現在、私が客員研究員として所属する明治大学国際武器移転史研究所（https://www.isc.meiji.ac.jp/~transfer）は、グローバル化した武器移転の実態を把握し、その歴史過程を追うことで、国際政治や国際経済にどのような影響と政策決定要素と成り得るのかを客観的なデータを発掘整理する、経済学、政治学、歴史学など多様な専門分野の研究者が集う学長直轄の研究機関である。同研究所では、現在、インド、イギリス、中国、台湾、韓国などの研究者や研究機関とも積極的に研究交流を進め、機関誌の発行やシンポジウムや研究セミナーの開催などアクティブな活動を続けている。私も同研究所のメンバーの一人として、「武器移転」の問題に強い関心を抱いてきた。

ところで、緑風出版の高須さんから、前著『日本の武器生産と武器輸出』（緑風出版、二〇二三年刊）の続編として、その戦後版を出版できないか、との御相談を受けたのは、前著の出版を終えて一段落している頃だった。戦後には膨大な資料群が存在し、また、国内政治の動向をも睨みながらとなると、短期間にはとても困難な作業に思われた。だが、数多の類書のなかで、戦後から現代までを一通り簡便に鳥瞰できる類書は決して多くないことも確かであった。そこで手元の資料、前著や論文で触れた論述をも再構成して本書を急ぎ書き上げた次第である。あれもこれもとは、紙幅の関係でとても引用紹介できず、もっと重要なことを漏らしているのではないかと不安だが、武器移転史の流れだけは一応追ったつもりである。本書を起点として、今後もさらに書き加える作業を続けたいと思う。

世界に戦争や紛争が拡大するなか、これを止めることが最優先される今日、戦争や紛争の道具である武器の移転を限りなく減らし、止めることが私たちの責務であり、本来の安全保障の研究や議論であると確信する。専守防衛の限界性を指摘しつつ、日米同盟強化による安全の確保を強調してみせる安全保障戦略が現実に即した戦略というならば、それは無限に軍事に依存する危険な戦略であり、人間の生命や尊厳を二次的にしか捉えていない国家至上主義に偏したものだ。それを現実論とするならば、そこで展望できる平和の実現は無限に不可能となる。非常に硬直したこの戦略から未来を切り開く知恵も政策も生まれようがない。本書のテーマでいうならば、無限に武器に依存する世界からいかにして脱却できるのか、を問い続けることが平和の希求する全ての人々に問いかけられているはずである。

だが、日本政府は、その私たちの思いとは全く逆方向に突き進もうとしている。その意味からも、私たちは武器輸出や武器輸入を武器移転という、少し広い概念で捉え直すことが求められているように思う。

そうした議論を緑風出版の高須さんと交わすなかで、非常に短い時間で本書が生まれた。高須さんの的を射たアドバイスと要請が無かったら、本書出版の機会は得られなかったかも知れない。あらためて御礼を申したい。

二〇二四年九月

纐纈　厚

戦後日本の武器移転史―1945～2024

2024年11月29日　初版第1刷発行　　定価2,700円＋税

著　者　纐纈　厚©
発行者　高須次郎
発行所　緑風出版
〒113-0033　東京都文京区本郷2-17-5　ツイン壱岐坂
［電話］03-3812-9420　［FAX］03-3812-7262［郵便振替］00100-9-30776
［E-mail］info@ryokufu.com［URL］http://www.ryokufu.com/

装　幀　斎藤あかね
制　作　アイメディア　　印　刷　中央精版印刷
製　本　中央精版印刷　　用　紙　中央精版印刷

ISBN978-4-8461-2413-7　C0031

[著者略歴]

纐纈　厚（こうけつ　あつし）

1951年岐阜県生まれ。一橋大学大学院社会学研究科博士課程単位取得退学。 博士（政治学、明治大学）。現在、明治大学国際武器移転史研究所客員研究員。前明治大学特任教授、元山口大学理事・副学長。専門は、日本近現代政治軍事史・安全保障論。

著書に『近代日本政軍関係の研究』（岩波書店)、『文民統制』（同)、『日本降伏』（日本評論社)、『侵略戦争』（筑摩書房・新書)、『日本海軍の終戦工作』（中央公論社・新書)、『田中義一　総力戦国家の先導者』（芙蓉書房)、『日本政治思想史研究の諸相』（明治大学出版会)、『戦争と敗北』（新日本出版社)、『崩れゆく文民統制』『重い扉の向こうに』『リベラリズムはどこへ行ったか』『日本の武器生産と武器輸出』『ウクライナ停戦と私たち』（緑風出版）など多数。

【関連年表】

1945. 9.22.	連合国軍最高司令部（GHQ）、日本軍需産業の解体・転換指令
1946.11.28.	「賠償最終報告」（ポーレー案）最終報告発表
1947.12.18.	「過度経済力集中排除法」（法律第207号制定）
1949.12. 1.	「輸出貿易管理令」を閣議決定（政令第378号）
1950. 7. 8.	GHQより、警察予備隊・海上保安庁の創設許可書簡発出
1952. 4.28.	旧日米安保条約発効
1952. 8.13.	経団連防衛生産委員会創設
1952.10.28.	防衛生産委員会「国有軍需工業等諸施設の活用に関する緊急要望意見」など公表
1952.11.12.	「日本国とアメリカ合衆国との間の船舶貸与協定」締結
1953. 7. 6.	経団連協力懇談会、「MSA受入に関する一般的要望書意見案」作成
1953. 8. 1.	「武器等製造法」（法律第145号）制定
1953.10. 6.	特需兵器の運転資金確保に関する要望意見」公表
1954. 3. 8.	「日本国とアメリカ合衆国との間の相互防衛援助協定」締結
1954. 5.14.	「日本国に対する合衆国艦艇の貸与に関する協定」締結
1956. 3.22.	「日米技術協定」締結
1962. 7.12.	防衛生産委員会、「兵器輸出に関する意見書」作成
1967. 4.21.	衆院決算委員会で佐藤栄作首相が、武器輸出を認めない三つの事例を公にする（**佐藤三原則**）。以後、「**武器輸出三原則**」と称し、政令運用基準として扱われる
1972. 5.14.	公明党、「兵器輸出の禁止に関する法律案」を国会提出
1976. 2.27.	三木武夫首相、衆院予算委員会で新たに「武器輸出三原則」（**三木三原則**）を公にする
1981. 3.20.	衆議院で「武器輸出問題等に関する決議」可決（参議院は、1981.3.31可決）
1981.11.12.	日本社会党、衆議院議長宛てに「武器輸出と日米軍事技術協力等に関する質問主意書」提出（同年12.24.再提出）
1982. 4.28.	日本共産党、「武器その他の軍用機器の輸出等の禁止に関する法律案」を国会提出
1983.1.14.	中曽根康弘内閣、後藤田正晴官房長官「対米武器技術供与についての内閣官房長官談話」発表
1983. 2. 8.	「日本国とアメリカ合衆国との間の相互防衛援助協定に基づくアメリカ合衆国に対する武器及び武器技術供与に関する交換公文」締結

1983.11. 8.	「対米武器技術供与に関する交換公文」署名
1996. 7.	「通常兵器及び関連汎用品・技術の輸出管理に関するワッセナー・アレンジメント」締結
2006. 6.23.	「日本国とアメリカ合衆国との間の相互防衛援助協定に基づくアメリカ合衆国に対する武器及び武器技術供与に関する交換公文」締結
2014. 4. 1.	**「防衛装備移転三原則」閣議決定**
2019. 9.10.	イスラエルとの間に「防衛装備・技術に関する秘密情報保護の覚書」署名を公表
2021. 3.30.	日本、フィリピンとの間に「防衛装備品・技術移転協定」締結
2021. 9.11.	日本、ベトナムと「日越防衛装備品・技術移転協定」締結
2022. 3. 4.	日本政府、ウクライナに向け、防弾チョッキ、防護衣、防護マスクなど輸送決定
2022. 4.12.	経団連、「防衛計画の大綱に向けた提言」発表。武器輸出の推進を提言。
2022.12.16.	「安保三文書」を閣議及び安全保障会議で決定
2023. 5.25.	アラブ首長国連邦と「防衛装備品及び技術の移転に関する日本国政府とアラブ首長国連邦政府との間の協定」締結
2023. 6.14.	**「防衛装備品生産基盤法」**(「防衛省が調達する装備品等の開発及び生産のための基盤の強化に関する法律」法律第54号)制定
2023.11. 2.	防衛装備庁、国産レーダーのフィリピンへの輸出を公表
2023.12.22.	「防衛装備移転三原則」運用方針の改訂を閣議決定
	「防衛省が調達する装備品等の開発及び生産のための基盤強化に関する法律」制定
2024. 3. 7.	EUの欧州委員会、「欧州防衛産業戦略」(European Defence Industrial Strategy: EDIS)を発表
2024. 3.26.	岸田内閣及び国家安全保障会議、「グローバル戦闘航空プログラムに係る完成品の我が国からパートナー国以外の国に対する移転について」及び「防衛装備移転三原則の運用指針」改正を閣議決定

【関連資料】

「輸出貿易管理令」(一九四九年・政令第三七八号　最新の附則二〇二三年一二月二〇日・政令第三六四号)

内閣は、外国為替及び外国貿易管理法(昭和二十四年法律第二百二十八号)第二十六条、第四十八条、第四十九条、第六十七条、第六十九条及び附則第四項の規定に基き、並びに同法の規定を実施するため、この政令を制定する。

(輸出の許可)

第一条　外国為替及び外国貿易法(昭和二十四年法律第二百二十八号。以下「法」という。)第四十八条第一項に規定する政令で定める特定の地域を仕向地とする特定の種類の貨物の輸出は、別表第一中欄に掲げる貨物の同表下欄に掲げる地域を仕向地とする輸出とする。

2　法第四十八条第一項の規定による許可を受けようとする者は、経済産業省令で定める手続に従い、当該許可の申請をしなければならない。

(輸出の承認)

第二条　次の各号のいずれかに該当する貨物の輸出をしようとする者は、経済産業省令で定める手続に従い、経済産業大臣の承認を受けなければならない。

一　別表第二中欄に掲げる貨物の同表下欄に掲げる地域を仕向地とする輸出

一の二　別表第二の二に掲げる貨物(別表第二の一、三六、三九から四一まで及び四三から四五までの項の中欄に掲げる貨物を除く。)の北朝鮮を仕向地とする輸出

一の三　別表第二の三(第一号の二、第二号(３２)から(８５)まで、第二号の二及び第三号を除く。)に掲げる貨物(別表第二の二〇から二一の三まで、二五、三五から三五の四まで、四四及び四五の項の中欄に掲げる貨物を除く。)のベラルーシを仕向地とする輸出

一の四　別表第二の三に掲げる貨物(別表第二の一、二〇から二一の三まで、二五、三五から三七まで、四〇、四一及び四三から四五までの項の中欄に掲げる貨物を除く。)のロシアを仕向地とする輸出

一の五　ウクライナ(ドネツク州及びルハンスク州の区域のうち、経済産業大臣が告示で定める区域に限る。第四条第二項第二号へにおいて同じ。)を仕向地とする貨物(別表第二(三四の項を除く。)中欄に掲げる貨物を除く。)の輸出

一の六　ベラルーシを仕向地とする貨物(別表第二(三四の項を除く。)中欄

及び別表第二の三（第一号の二、第二号（３２）から（８５）まで、第二号の二及び第三号を除く。）に掲げる貨物を除く。）の輸出（経済産業大臣が告示で指定する者との直接又は間接の取引によるものに限る。）

一の七　ロシアを仕向地とする貨物（別表第二（三四の項を除く。）中欄及び別表第二の三に掲げる貨物を除く。）の輸出（経済産業大臣が告示で指定する者との直接又は間接の取引によるものに限る。）

一の八　別表第二の三（第三号を除く。）に掲げる貨物（別表第二の二〇から二一の三まで、二五、三五から三七まで、四〇、四一、四四及び四五の項の中欄に掲げる貨物を除く。）の別表第二の四に掲げる地域を仕向地とする輸出（経済産業大臣が告示で指定する者との直接又は間接の取引によるものに限る。）

二　外国にある者に外国での加工を委託する委託加工貿易契約（当該委託加工貿易契約に係る加工の全部又は一部が経済産業大臣が定める加工（以下「指定加工」という。）に該当するものに限る。）による貨物（当該委託加工貿易契約に係る加工で指定加工に該当するものに使用される加工原材料のうち、経済産業大臣が指定加工の区分に応じて定める加工原材料で当該指定加工に該当する加工に係るものに限る。）の輸出

2　経済産業大臣は、別表第二の三〇及び三三の項の中欄に掲げる貨物について前項第一号の規定による承認をするには、あらかじめ、農林水産大臣の同意を得なければならない。

3　経済産業大臣は、別表第二の三五の二の項（二）及び四三の項の中欄に掲げる貨物については、他の法令による輸出の許可又は確認を受けている場合に限り、第一項の規定による承認をするものとする。

第三条　削除

（特例）

第四条　法第四十八条第一項の規定は、次に掲げる場合には、適用しない。ただし、別表第一の一の項の中欄に掲げる貨物については、この限りでない。

一　仮に陸揚げした貨物のうち、本邦以外の地域を仕向地とする船荷証券（航空貨物運送証その他船荷証券に準ずるものを含む。）により運送されたもの（第三号及び第四号において「外国向け仮陸揚げ貨物」という。）を輸出しようとするとき（別表第三に掲げる地域以外の地域を仕向地として輸出しようとする場合にあつては、次に掲げるいずれの場合にも該当しないときに限る。）。

イ　その貨物が核兵器、軍用の化学製剤若しくは細菌製剤若しくはこれらの散布のための装置又はこれらを運搬することができるロケット若しくは無

人航空機であつてその射程若しくは航続距離が三百キロメートル以上のもの（ロ、第三号及び第十四条において「核兵器等」という。）の開発、製造、使用又は貯蔵（ロ及び同号において「開発等」という。）のために用いられるおそれがある場合として経済産業省令で定めるとき。

ロ　その貨物が核兵器等の開発等のために用いられるおそれがあるものとして経済産業大臣から許可の申請をすべき旨の通知を受けたとき。

二　次に掲げる貨物を輸出しようとするとき。

イ　外国貿易船又は航空機が自己の用に供する船用品又は航空機用品

ロ　航空機の部分品並びに航空機の発着又は航行を安全にするために使用される機上装備用の機械及び器具並びにこれらの部分品のうち、修理を要するものであつて無償で輸出するもの

ハ　国際機関が送付する貨物であつて、我が国が締結した条約その他の国際約束により輸出に対する制限を免除されているもの

ニ　本邦の大使館、公使館、領事館その他これに準ずる施設に送付する公用の貨物

ホ　無償で輸出すべきものとして無償で輸入した貨物であつて、経済産業大臣が告示で定めるもの

ヘ　無償で輸入すべきものとして無償で輸出する貨物であつて、経済産業大臣が告示で定めるもの

三　別表第一の一六の項に掲げる貨物（外国向け仮陸揚げ貨物を除く。）を同項の下欄に掲げる地域を仕向地として輸出しようとする場合であつて、次に掲げるいずれの場合にも（別表第三の二に掲げる地域以外の地域を仕向地として輸出しようとする場合にあつては、イ、ロ及びニのいずれの場合にも）該当しないとき。

イ　その貨物が核兵器等の開発等のために用いられるおそれがある場合として経済産業省令で定めるとき。

ロ　その貨物が核兵器等の開発等のために用いられるおそれがあるものとして経済産業大臣から許可の申請をすべき旨の通知を受けたとき。

ハ　その貨物が別表第一の一の項の中欄に掲げる貨物（核兵器等に該当するものを除く。ニにおいて同じ。）の開発、製造又は使用のために用いられるおそれがある場合として経済産業省令で定めるとき。

ニ　その貨物が別表第一の一の項の中欄に掲げる貨物の開発、製造又は使用のために用いられるおそれがあるものとして経済産業大臣から許可の申請をすべき旨の通知を受けたとき。

四　別表第一の五から一三まで又は一五の項の中欄に掲げる貨物であつて、

総価額が百万円（別表第三の三に掲げる貨物にあつては、五万円）以下のもの（外国向け仮陸揚げ貨物を除く。）を別表第四に掲げる地域以外の地域を仕向地として輸出しようとするとき（別表第三に掲げる地域以外の地域を仕向地として輸出しようとする場合にあつては、前号のイ、ロ及びニのいずれの場合にも（別表第三の二に掲げる地域（イラク及び北朝鮮を除く。）を仕向地として輸出しようとする場合にあつては、同号のイからニまでのいずれの場合にも）該当しないときに限る。）。

2　第二条の規定は、次に掲げる場合には、適用しない。ただし、別表第二の三七から四一まで及び四三から四五までの項の中欄に掲げる貨物については、この限りでない。

一　仮に陸揚げした貨物を輸出しようとするとき。ただし、別表第二の一、三五及び三五の二の項の中欄に掲げる貨物（同表の一の項の中欄及び三五の二の項（一）に掲げる貨物にあつては、経済産業大臣が告示で定めるものを除く。）を輸出しようとする場合を除く。

二　別表第五に掲げる貨物を輸出しようとするとき。ただし、次に掲げる貨物を輸出しようとする場合を除く。

イ　別表第二の一の項の中欄、三五の三の項（一）及び（六）並びに三五の四及び三六の項の中欄に掲げる貨物（同表の三五の三の項（一）及び（六）に掲げる貨物にあつては、経済産業大臣が告示で定めるものに限る。）

ロ　別表第五第二号に掲げる貨物のうち、別表第二の三五及び三五の二の項の中欄に掲げるもの

ハ　別表第五第二号及び第三号に掲げる貨物のうち、別表第二の二に掲げる貨物であつて、北朝鮮を仕向地とするもの

ニ　別表第五第二号に掲げる貨物のうち、別表第二の三に掲げる貨物であつて、ベラルーシを仕向地とするもの

ホ　別表第五第二号に掲げる貨物のうち別表第二の三に掲げる貨物及び別表第五第三号に掲げる貨物のうち別表第二の三第三号に掲げる貨物であつて、ロシアを仕向地とするもの

ヘ　別表第五第二号に掲げる貨物であつて、ウクライナを仕向地とするもの

ト　別表第五第二号に掲げる貨物であつて、ベラルーシ又はロシアを仕向地とするもの（第二条第一項第一号の六又は第一号の七に規定する輸出に係るものに限る。）

チ　別表第五第二号に掲げる貨物のうち、別表第二の三に掲げる貨物であつて、別表第二の四に掲げる地域を仕向地とするもの（第二条第一項第一号の八に規定する輸出に係るものに限る。）

三　別表第二の三五の二の項（二）に掲げる貨物であつて、廃棄物の処理及び清掃に関する法律（昭和四十五年法律第百三十七号）第十条第二項（同法第十五条の四の七第一項において準用する場合を含む。）に規定する者が輸出しようとするとき。ただし、別表第二の三五の三の項（一）及び（六）に掲げる貨物（経済産業大臣が告示で定めるものに限る。）を輸出しようとする場合を除く。

四　別表第六上欄に掲げる者が本邦から出国する際、同表下欄に掲げる貨物を本人が携帯し、又は税関に申告の上別送して、輸出しようとするとき。ただし、別表第二の一の項の中欄、三五の三の項（一）及び（六）並びに三五の四の項の中欄に掲げる貨物（同表の三五の三の項（一）及び（六）に掲げる貨物にあつては、経済産業大臣が告示で定めるものに限る。）を輸出しようとする場合、一時的に入国して出国する者が同表の三六の項の中欄に掲げる貨物（経済産業大臣が告示で定めるものを除く。）を輸出しようとする場合並びに船舶又は航空機の乗組員が別表第二の二に掲げる貨物を北朝鮮を仕向地として輸出しようとする場合及び別表第二の三第三号に掲げる貨物をロシアを仕向地として輸出しようとする場合を除く。

3　前項に規定する場合のほか、第二条第一項第一号の規定は、総価額が別表第七中欄に掲げる貨物の区分に応じ同表下欄に掲げる金額以下の貨物を輸出しようとする場合には、適用しない。

4　第二項に規定する場合のほか、第二条第一項第二号の規定は、総価額が百万円以下の貨物を輸出しようとする場合には、適用しない。

（税関の確認等）

第五条　税関は、経済産業大臣の指示に従い、貨物を輸出しようとする者が法第四十八条第一項の規定による許可若しくは第二条第一項の規定による承認を受けていること又は当該許可若しくは承認を受けることを要しないことを確認しなければならない。

２　税関は、前項の規定による確認をしたときは、経済産業省令で定めるところにより、その結果を経済産業大臣に通知するものとする。

第六条　削除

（輸出の事後審査）

第七条　経済産業大臣は、第十一条の規定による報告により、当該貨物の輸出が法令の規定に従つているか否かを審査するものとする。

（許可及び承認の有効期間）

第八条　法第四十八条第一項の規定による許可及び第二条第一項の規定による承認の有効期間は、その許可又は承認をした日から六月とする。

2　経済産業大臣は、特に必要があると認めるときは、前項に規定する許可又は承認について、同項の期間と異なる有効期間を定め、又はその有効期間を延長することができる。

（法令の違反に対する制裁の通知）

第九条　経済産業大臣は、法第五十三条第一項又は第二項の規定による処分をしたときは、その旨を遅滞なく税関に通知するものとする。

（使用人）

第十条　法第五十三条第四項第一号に規定する政令で定める使用人は、使用人のうち、次に掲げる者とする。

一　営業所又は事務所の業務を統括する者その他これに準ずる者として経済産業省令で定める者

二　法第五十三条第一項又は第二項の規定により禁止された業務を統括する者その他これに準ずる者として経済産業省令で定める者（前号に掲げる者を除く。）

（報告）

第十一条　経済産業大臣は、法（第六章及び第六章の三に限る。）及びこの政令の施行に必要な限度において、貨物を輸出しようとする者、貨物を輸出した者又は当該貨物を生産した者その他の関係人から必要な報告を徴することができる。

（権限の委任）

第十二条　次に掲げる経済産業大臣の権限は、税関長に委任されるものとする。

一　別表第二の三九から四一まで及び四三の項の中欄に掲げる貨物（同表の四三の項の中欄に掲げる貨物にあつては、経済産業大臣が告示で定めるものを除く。）に係る第二条第一項の規定による承認の権限

二　次に掲げる権限であつて、経済産業大臣の指示する範囲内のもの

イ　価額の全部につき支払手段による決済を要しない貨物に係る第二条第一項の規定による承認の権限

ロ　保税地域に搬入し、蔵入れし、又は移入された貨物であつて、保税地域から積み戻す貨物に係る第二条第一項の規定による承認の権限

ハ　法第六十七条第一項の規定によりイ又はロの承認に条件を付する権限

ニ　第八条第二項の規定により、法第四十八条第一項の規定による許可又は第二条第一項の規定による承認の有効期間を延長する権限

（政府機関の行為）

第十三条　経済産業大臣が貨物の輸出を行う場合は、この政令の規定は、適用しない。

2　第五条の規定は、前項の場合に準用する。

（核兵器等の開発等に用いられるおそれが特に大きい貨物）

第十四条　法第六十九条の六第二項第二号に規定する政令で定める貨物は、別表第一の一の項（(五)、(六) 及び (十) から (十二) までを除く。）及び同表の二から四までの項の中欄に掲げる貨物（核兵器等を除く。）とする。

附　則（略）

防衛省が調達する装備品等の開発及び生産のための基盤の強化に関する法律（令和五年法律第五十四号）

第一章　総則

（目的）

第一条　この法律は、我が国を含む国際社会の安全保障環境の複雑化及び装備品等の高度化に伴い、装備品等の適確な調達を行うためには、装備品製造等事業者の装備品等の開発及び生産のための基盤を強化することが一層重要となっていることに鑑み、装備品製造等事業者による装備品等の安定的な製造等の確保及びこれに資する装備移転を安全保障上の観点から適切なものとするための取組を促進するための措置、装備品等に関する契約における秘密の保全措置並びに装備品等の製造等を行う施設等の取得及び管理の委託に関する制度を定めることにより、我が国の平和と独立を守り、国の安全を保つことを目的とする。

（定義）

第二条　この法律において「装備品等」とは、自衛隊が使用する装備品、船舶、航空機及び食糧その他の需品（これらの部品及び構成品を含み、専ら自衛隊の用に供するものに限る。）をいう。

2　この法律において「製造等」とは、製造、研究開発及び修理並びにこれらに関する役務の提供をいう。

3　この法律において「装備品製造等事業者」とは、装備品等の製造等の事業を行う事業者をいう。

4　この法律において「装備移転」とは、装備品製造等事業者が我が国と防衛の分野において協力関係にある外国政府に対して行う装備品等と同種の物品の有償又は無償による譲渡及びこれに係る役務の提供をいう。

（基本方針）

第三条　防衛大臣は、装備品等の開発及び生産のための基盤の強化に関する基本的な方針（以下「基本方針」という。）を定めなければならない。

2　基本方針においては、次に掲げる事項を定めるものとする。

一　我が国を含む国際社会の安全保障環境及び装備品等に係る技術の進展の動向に関する基本的な事項

二　装備品等の安定的な製造等の確保を図るための国及び装備品製造等事業者の役割、装備品等の調達に係る制度の改善その他の装備品等の開発及び生産のための基盤の強化に関する基本的な事項

三　装備品等の安定的な製造等の確保を図るための装備品製造等事業者に対

する財政上の措置その他の措置に関する基本的な事項
四　装備品等の安定的な製造等の確保に資する装備移転が適切な管理の下で円滑に行われるための措置に関する基本的な事項
五　第十五条第一項に規定する装備移転支援業務及び第十八条第一項に規定する基金に関して第十五条第一項の指定装備移転支援法人が果たすべき役割に関する基本的な事項
六　第二十七条第一項に規定する装備品等契約における秘密の保全措置に関する基本的な事項
七　防衛大臣による第二十九条に規定する指定装備品製造施設等の取得及びその管理の委託に関する基本的な事項
八　前各号に掲げるもののほか、装備品等の開発及び生産のための基盤の強化に関し必要な事項
3　防衛大臣は、基本方針を定めたときは、遅滞なく、これを公表しなければならない。これを変更したときも、同様とする。

第二章　装備品製造等事業者による特定取組及び装備移転仕様等調整等を促進するための措置

第一節　装備品安定製造等確保計画

（装備品安定製造等確保計画の認定）

第四条　防衛大臣が指定する自衛隊の任務遂行に不可欠な装備品等（当該装備品等の製造等を行う特定の装備品製造等事業者による当該装備品等の製造等が停止された場合において、防衛省による当該装備品等の適確な調達に支障が生ずるおそれがあるものに限る。以下「指定装備品等」という。）の製造等を行う装備品製造等事業者（第三号及び第四号に掲げる取組にあっては、指定装備品等の製造等を行おうとする装備品製造等事業者を含む。）は、単独で又は共同で、当該指定装備品等の安定的な製造等の確保のために行う次の各号に掲げる取組（以下この条及び第七条において「特定取組」という。）のいずれかに関する計画（以下この節において「装備品安定製造等確保計画」という。）を作成し、防衛省令で定めるところにより、これを防衛大臣に提出して、その認定を受けることができる。
一　指定装備品等の製造等に必要な原材料、部品、設備、機器、装置又はプログラム（以下この条及び第八条第一項において「原材料等」という。）であって、その供給が途絶するおそれが高いと認められるものの供給源の多様化若しくは備蓄又は当該指定装備品等の製造等における当該原材料等の

使用量の減少に資する生産技術の導入、開発若しくは改良をすること。
二　指定装備品等の製造等を効率化するために必要な設備を導入すること。
三　当該装備品製造等事業者におけるサイバーセキュリティ（サイバーセキュリティ基本法（平成二十六年法律第百四号）第二条に規定するサイバーセキュリティをいう。）を強化すること（防衛大臣が定める基準に適合するものに限る。）。
四　特定の指定装備品等の全部又は大部分の製造等を行う他の装備品製造等事業者が当該指定装備品等の製造等に係る事業を停止する場合において、当該他の装備品製造等事業者から当該事業の全部若しくは一部を譲り受けること又は当該指定装備品等の製造等に係る事業を新たに開始すること。
2　装備品安定製造等確保計画には、次に掲げる事項を記載しなければならない。
一　安定的な製造等を図ろうとする指定装備品等の品目
二　特定取組の内容及び実施時期
三　特定取組に必要な資金の額及びその調達方法
四　特定取組を実施することにより見込まれる効果
五　前各号に掲げるもののほか、防衛省令で定める事項
3　防衛大臣は、第一項の認定の申請があった場合において、次の各号のいずれにも該当すると認めるときは、その認定をするものとする。
一　装備品安定製造等確保計画の内容が基本方針に照らし適切なものであること。
二　装備品安定製造等確保計画が円滑かつ確実に実施されると見込まれるものであること。
4　防衛大臣は、装備品製造等事業者における指定装備品等の製造等及び当該指定装備品等の製造等に必要な原材料等の調達又は輸入の状況に照らし、当該指定装備品等の製造等に関し特定取組（第一項第四号に掲げる取組を除く。）が行われなければ当該指定装備品等の適確な調達に支障が生ずると認めるときは、当該指定装備品等の製造等を行う装備品製造等事業者に対し、同項の規定による装備品安定製造等確保計画の作成及び提出を行うことを促すことができる。
5　防衛大臣は、前項の規定により装備品安定製造等確保計画の作成及び提出を促そうとする場合において、民間の経済活力の向上及び対外経済関係の円滑な発展を中心とする経済及び産業の発展に関する施策との調整を図る必要があると認めるときは経済産業大臣に対し、造船に関する事業の発展に関する施策との調整を図る必要があると認めるときは国土交通大臣に

対し、意見を求めることができる。

（装備品安定製造等確保計画の認定の通知）

第五条　防衛大臣は、装備品安定製造等確保計画の認定をしたときは、速やかに、その旨を当該装備品安定製造等確保計画を提出した装備品製造等事業者に通知しなければならない。

（装備品安定製造等確保計画の変更）

第六条　第四条第一項の認定を受けた装備品製造等事業者（次条において「認定装備品安定製造等確保事業者」という。）は、当該認定を受けた装備品安定製造等確保計画を変更するときは、あらかじめ、防衛大臣の認定を受けなければならない。ただし、防衛省令で定める軽微な変更については、この限りでない。

2　第四条第二項及び第三項並びに前条の規定は、前項の変更の認定について準用する。

（財政上の措置）

第七条　政府は、防衛省と指定装備品等の調達に係る契約を締結している認定装備品安定製造等確保事業者（防衛省と当該契約を締結していない認定装備品安定製造等確保事業者であって、当該契約を締結している認定装備品安定製造等確保事業者に当該契約に係る指定装備品等の部品若しくは構成品を直接若しくは間接に供給し、又は当該契約に係る指定装備品等の製造等に関する役務を直接若しくは間接に提供しているものを含む。）において、第四条第一項の認定を受けた装備品安定製造等確保計画（前条第一項の変更の認定があったときは、その変更後のもの）に係る特定取組（当該契約に係る指定装備品等の製造等に関するものに限る。）が着実に実施されるようにするため、予算の範囲内において、必要な財政上の措置を講ずるものとする。

（報告又は資料の提出）

第八条　防衛大臣は、第四条第四項の規定の施行に必要な限度において、指定装備品等の製造等を行う装備品製造等事業者に対し、当該指定装備品等の製造等及び当該指定装備品等の製造等に必要な原材料等の調達又は輸入に関し必要な報告又は資料の提出を求めることができる。

2　前項の規定により報告又は資料の提出の求めを受けた装備品製造等事業者は、その求めに応じるよう努めなければならない。

第二節　装備移転仕様等調整計画

（装備移転仕様等調整計画の認定）

第九条　装備品製造等事業者は、外国政府に対する装備移転が見込まれる場合において、当該装備移転の対象となる装備品等と同種の物品（以下この項及び次項第一号において「移転対象物品」という。）について、防衛大臣の求め（当該移転対象物品の仕様及び性能を、我が国と当該外国政府との防衛の分野における協力の内容に応じて第二十七条第一項に規定する装備品等秘密の保全その他の我が国の安全保障上の観点から適切なものとするために行うものに限る。）に応じてその仕様及び性能の調整を行おうとするときは、単独で又は共同で、その求めに応じて行う移転対象物品の仕様及び性能の調整（以下「装備移転仕様等調整」という。）に関する計画（以下この節において「装備移転仕様等調整計画」という。）を作成し、防衛省令で定めるところにより、これを防衛大臣に提出して、その認定を受けることができる。

2　装備移転仕様等調整計画には、次に掲げる事項を記載しなければならない。

一　移転対象物品の内容及び当該移転対象物品に係る装備品等の品目

二　装備移転を受けることが見込まれる外国政府

三　装備移転仕様等調整の内容及び実施時期

四　装備移転仕様等調整を行うために必要な資金の額及びその調達方法

五　前各号に掲げるもののほか、防衛省令で定める事項

3　防衛大臣は、第一項の認定の申請があった場合において、次の各号のいずれにも該当すると認めるときは、その認定をするものとする。

一　装備移転仕様等調整計画の内容が基本方針に照らし適切なものであること。

二　装備移転仕様等調整計画が円滑かつ確実に実施されると見込まれるものであること。

（装備移転仕様等調整計画の認定の通知）

第十条　防衛大臣は、装備移転仕様等調整計画の認定をしたときは、速やかに、その旨を当該装備移転仕様等調整計画を提出した装備品製造等事業者及び第十五条第一項の指定装備移転支援法人に通知しなければならない。

（装備移転仕様等調整計画の変更）

第十一条　第九条第一項の認定を受けた装備品製造等事業者（以下「認定装備移転事業者」という。）は、当該認定を受けた装備移転仕様等調整計画を変更するときは、あらかじめ、防衛大臣の認定を受けなければならない。ただし、防衛省令で定める軽微な変更については、この限りでない。

2　第九条第二項及び第三項並びに前条の規定は、前項の変更の認定について準用する。

（報告又は資料の提出）

第十二条　防衛大臣は、この節の規定の施行に必要な限度において、認定装備移転事業者に対し、第九条第一項の認定を受けた装備移転仕様等調整計画（前条第一項の変更の認定があったときは、その変更後のもの。以下「認定装備移転仕様等調整計画」という。）の実施状況その他必要な事項に関し報告又は資料の提出を求めることができる。

（改善命令）

第十三条　防衛大臣は、認定装備移転事業者が認定装備移転仕様等調整計画に従って装備移転仕様等調整を行っていないと認めるときは、当該認定装備移転事業者に対し、相当の期間を定めて、その改善に必要な措置をとるべきことを命ずることができる。

（装備移転仕様等調整計画の認定の取消し）

第十四条　防衛大臣は、認定装備移転事業者が前条の規定による命令に違反したときは、第九条第一項の認定を取り消すことができる。

2　第十条の規定は、前項の規定による認定の取消しについて準用する。

第三節　指定装備移転支援法人

（指定装備移転支援法人の指定及び業務）

第十五条　防衛大臣は、防衛省令で定めるところにより、一般社団法人又は一般財団法人であって、第三項に規定する業務（以下この節において「装備移転支援業務」という。）に関し次の各号のいずれにも適合すると認められるものを、その申請により、全国を通じて一個に限り、指定装備移転支援法人として指定することができる。

一　装備移転支援業務を適正かつ確実に実施することができる経理的基礎及び技術的能力を有するものであること。

二　装備移転支援業務以外の業務を行っている場合にあっては、その業務を行うことによって装備移転支援業務の適正かつ確実な実施に支障を及ぼすおそれがないものであること。

三　前二号に掲げるもののほか、装備移転支援業務を適正かつ確実に実施することができるものとして、防衛省令で定める基準に適合するものであること。

2　次の各号のいずれかに該当する者は、前項の規定による指定（以下この節において「指定」という。）を受けることができない。

一　この法律の規定に違反し、刑に処せられ、その執行を終わり、又は執行を受けることがなくなった日から起算して二年を経過しない者

二　第二十五条第一項又は第二項の規定により指定を取り消され、その取消しの日から起算して二年を経過しない者
三　その役員のうちに、第一号に該当する者又は自衛隊法（昭和二十九年法律第百六十五号）第百十八条第一項（第一号に係る部分に限る。）若しくは第二項に規定する罪、日米相互防衛援助協定等に伴う秘密保護法（昭和二十九年法律第百六十六号）に規定する罪若しくは特定秘密の保護に関する法律（平成二十五年法律第百八号）に規定する罪を犯し、刑に処せられ、その執行を終わり、若しくは執行を受けることがなくなった日から起算して二年を経過しない者がある者
3　指定装備移転支援法人は、防衛省令で定めるところにより、次に掲げる業務を行うものとする。
一　認定装備移転事業者が認定装備移転仕様等調整計画に係る装備移転仕様等調整を行うために必要な資金に充てるための助成金を交付すること。
二　装備品製造等事業者による装備移転仕様等調整に関する事項について、照会及び相談に応じ、並びに必要な助言を行うこと。
三　前二号に掲げる業務に附帯する業務を行うこと。
4　防衛大臣は、指定をするに当たっては、防衛省令で定めるところにより、当該指定装備移転支援法人が装備移転支援業務を実施する際に従うべき基準（以下この節において「装備移転支援実施基準」という。）を定めるものとする。
5　防衛大臣は、装備移転支援実施基準を定めるときは、あらかじめ、財務大臣に協議しなければならない。
6　防衛大臣は、装備移転支援実施基準を定めたときは、これを公表しなければならない。
7　前二項の規定は、装備移転支援実施基準の変更について準用する。

（指定装備移転支援法人の指定の公示等）

第十六条　防衛大臣は、指定をしたときは、当該指定を受けた者の名称、住所及び装備移転支援業務を行う事務所の所在地を公示するものとする。
2　指定装備移転支援法人は、その名称、住所又は装備移転支援業務を行う事務所の所在地を変更するときは、あらかじめ、その旨を防衛大臣に届け出なければならない。
3　防衛大臣は、前項の規定による届出があったときは、その旨を公示するものとする。

（装備移転支援業務規程）

第十七条　指定装備移転支援法人は、装備移転支援業務を行うときは、防衛

省令で定めるところにより、当該装備移転支援業務の開始前に、装備移転支援業務に関する規程（以下この条において「装備移転支援業務規程」という。）を定め、防衛大臣の認可を受けなければならない。これを変更しようとするときも、同様とする。

2　装備移転支援業務規程には、次に掲げる事項を定めておかなければならない。

一　第十五条第三項第一号に掲げる業務に関する次に掲げる事項

イ　認定装備移転事業者に対する助成金の交付の要件に関する事項

ロ　認定装備移転事業者による助成金の交付申請書に記載すべき事項

ハ　認定装備移転事業者に対する助成金の交付の決定に際し付すべき条件に関する事項

ニ　イからハまでに掲げるもののほか、助成金の交付に関し必要な事項として防衛省令で定める事項

二　次条第一項に規定する基金の管理に関する事項

三　前二号に掲げるもののほか、装備移転支援業務に関し必要な事項として防衛省令で定める事項

3　防衛大臣は、第一項の認可の申請が基本方針及び装備移転支援実施基準に適合するとともに、装備移転支援業務を適正かつ確実に実施するために十分なものであると認めるときは、その認可をするものとする。

4　防衛大臣は、第一項の認可をするときは、あらかじめ、財務大臣に協議しなければならない。

5　指定装備移転支援法人は、第一項の認可を受けたときは、遅滞なく、その装備移転支援業務規程を公表しなければならない。

6　防衛大臣は、指定装備移転支援法人の装備移転支援業務規程が基本方針及び装備移転支援実施基準に適合しなくなったと認めるときは、その装備移転支援業務規程を変更すべきことを命ずることができる。

（基金）

第十八条　指定装備移転支援法人は、装備移転支援業務であって次の各号のいずれにも該当するもの及びこれに附帯する業務に要する費用に充てるための基金（以下「基金」という。）を設け、次項の規定により交付を受けた補助金をもってこれに充てるものとする。

一　認定装備移転事業者による認定装備移転仕様等調整計画に係る装備移転仕様等調整に係る業務であって、装備移転が安全保障上の観点から適切に行われるために緊要なもの

二　複数年度にわたる業務であって、各年度の所要額をあらかじめ見込み難

く、弾力的な支出が必要であることその他の特段の事情があり、あらかじめ当該複数年度にわたる財源を確保しておくことがその安定的かつ効率的な実施に必要であると認められるもの

2　国は、予算の範囲内において、指定装備移転支援法人に対し、基金に充てる資金を補助することができる。

3　基金の運用によって生じた利子その他の収入金は、当該基金に充てるものとする。

4　指定装備移転支援法人は、次の方法による場合を除くほか、基金の運用に係る業務上の余裕金を運用してはならない。

一　国債その他防衛大臣の定める有価証券の取得

二　銀行その他防衛大臣の定める金融機関への預金

三　信託業務を営む金融機関（金融機関の信託業務の兼営等に関する法律（昭和十八年法律第四十三号）第一条第一項の認可を受けた金融機関をいう。）への金銭信託で元本補塡の契約があるもの

5　防衛大臣は、前項第一号に規定する有価証券又は同項第二号に規定する金融機関を定めるときは、あらかじめ、財務大臣に協議しなければならない。これを変更するときも、同様とする。

6　防衛大臣は、第十一条第二項又は第十四条第二項において準用する第十条の規定による通知をした場合において、必要があると認めるときは、当該通知を受けた指定装備移転支援法人に対し、第二項の規定により交付を受けた補助金の全部又は一部に相当する金額を国庫に納付すべきことを命ずるものとする。

7　前項の規定による納付金の納付の手続及びその帰属する会計その他国庫納付金に関し必要な事項は、政令で定める。

8　指定装備移転支援法人は、毎事業年度、基金に係る業務に関する報告書を作成し、当該事業年度の終了後六月以内に防衛大臣に提出しなければならない。

9　防衛大臣は、前項に規定する報告書の提出を受けたときは、これに意見を付けて、国会に報告しなければならない。

（事業計画等）

第十九条　指定装備移転支援法人は、防衛省令で定めるところにより、毎事業年度、装備移転支援業務に関し事業計画書及び収支予算書を作成し、防衛大臣の認可を受けなければならない。これを変更しようとするときも、同様とする。

2　指定装備移転支援法人は、前項の認可を受けたときは、遅滞なく、その

事業計画書及び収支予算書を公表しなければならない。

3　指定装備移転支援法人は、毎事業年度、防衛省令で定めるところにより、装備移転支援業務に関し事業報告書及び収支決算書を作成し、当該事業年度の終了後三月以内に防衛大臣に提出するとともに、これを公表しなければならない。

（区分経理）

第二十条　指定装備移転支援法人は、防衛省令で定めるところにより、次に掲げる業務ごとに経理を区分して整理しなければならない。

一　装備移転支援業務（次号に掲げる業務を除く。）

二　基金に係る業務

三　その他の業務

（秘密保持義務）

第二十一条　指定装備移転支援法人の役員若しくは職員又はこれらの職にあった者は、正当な理由がなく、装備移転支援業務に関して知り得た秘密を漏らし、又は盗用してはならない。

（帳簿の記載）

第二十二条　指定装備移転支援法人は、装備移転支援業務について、防衛省令で定めるところにより、帳簿を備え、防衛省令で定める事項を記載し、これを保存しなければならない。

（報告徴収及び立入検査）

第二十三条　防衛大臣は、この節の規定の施行に必要な限度において、指定装備移転支援法人に対し、装備移転支援業務に関し必要な報告若しくは資料の提出を求め、又はその職員に、指定装備移転支援法人の事務所その他必要な場所に立ち入り、装備移転支援業務に関し質問させ、若しくは帳簿、書類その他の物件を検査させることができる。

2　前項の規定により立入検査をする職員は、その身分を示す証明書を携帯し、関係人の請求があったときは、これを提示しなければならない。

3　第一項の規定による立入検査の権限は、犯罪捜査のために認められたものと解釈してはならない。

（監督命令）

第二十四条　防衛大臣は、この節の規定の施行に必要があると認めるときは、指定装備移転支援法人に対し、装備移転支援業務に関し監督上必要な命令をすることができる。

（指定装備移転支援法人の指定の取消し）

第二十五条　防衛大臣は、指定装備移転支援法人が第十五条第二項第一号又

は第三号に該当するに至ったときは、その指定を取り消すものとする。

2　防衛大臣は、指定装備移転支援法人が次の各号のいずれかに該当するときは、その指定を取り消すことができる。

一　装備移転支援業務を適正かつ確実に実施することができないと認められるとき。

二　指定に関し不正の行為があったとき。

三　この法律又はこの法律に基づく命令若しくはこれらに基づく処分に違反したとき。

3　防衛大臣は、前二項の規定により指定を取り消したときは、その旨を公示するものとする。

4　第一項又は第二項の規定により指定を取り消された場合における装備移転支援業務の引継ぎその他の必要な事項は、防衛省令で定める。

第四節　資金の貸付け

第二十六条　株式会社日本政策金融公庫は、装備品製造等事業者による指定装備品等の製造等又は装備移転が円滑に行われるよう、必要な資金の貸付けについて配慮をするものとする。

第三章　装備品等契約における秘密の保全措置

（装備品等秘密の指定等）

第二十七条　防衛大臣は、防衛省と装備品等の研究開発、調達、補給若しくは管理若しくは装備品等に関する役務の調達又は自衛隊の使用する施設の整備に係る契約（装備移転仕様等調整の実施に係る契約を含む。以下この条において「装備品等契約」という。）を締結した事業者（以下この条において「契約事業者」という。）に対し、当該装備品等契約を履行させるため、装備品等又は自衛隊の使用する施設に関する情報であって、公になっていないもの（自衛隊法第五十九条第一項の規定により同法第二条第五項に規定する隊員が漏らしてはならないこととされる秘密に該当する情報に限る。）のうち、その漏えいが我が国の防衛上支障を与えるおそれがあるため特に秘匿することが必要であるもの（日米相互防衛援助協定等に伴う秘密保護法第一条第三項に規定する特別防衛秘密及び特定秘密の保護に関する法律第三条第一項に規定する特定秘密に該当するものを除く。）を取り扱わせる必要があると認めたときは、これを装備品等秘密に指定し、その指定の有効期間を定めた上で、当該装備品等秘密を当該契約事業者に提供することができる。

2　防衛大臣は、契約事業者に対し装備品等秘密を提供するときは、これを記録する文書、図画、電磁的記録（電子的方式、磁気的方式その他人の知覚によっては認識することができない方式で作られる記録をいう。以下この項において同じ。）若しくは物件又は当該装備品等秘密を化体する物件について、装備品等秘密であること及び当該装備品等秘密としての指定の有効期間の表示（電磁的記録にあっては、当該表示の記録を含む。）を行わなければならない。

3　契約事業者は、装備品等契約に従い、当該契約事業者の従業者（代表者、代理人、使用人その他の従業者をいう。以下この条において同じ。）のうちから、装備品等秘密を取り扱う業務を行わせる従業者を定め、当該従業者の氏名、役職その他の防衛大臣が定める事項を防衛大臣に報告しなければならない。この場合において、契約事業者は、あらかじめ当該従業者の同意を得るものとする。

4　契約事業者は、前項の規定により装備品等秘密の取扱いの業務を行わせるものとした従業者以外の者に装備品等秘密を取り扱わせてはならない。

5　前二項に規定するもののほか、契約事業者は、装備品等契約に従い、装備品等秘密の保護に関し必要な措置を講ずるものとする。

6　装備品等秘密の取扱いの業務に従事する従業者は、その業務に関して知り得た装備品等秘密を漏らしてはならない。装備品等秘密の取扱いの業務に従事しなくなった後においても、同様とする。

（政令への委任）

第二十八条　前条に定めるもののほか、装備品等秘密の指定の手続その他装備品等秘密に関し必要な事項は、政令で定める。

第四章　指定装備品製造施設等の取得及び管理の委託

（指定装備品製造施設等の取得）

第二十九条　防衛大臣は、指定装備品等の製造等を行う装備品製造等事業者に対する第二章の規定による措置では防衛省による当該指定装備品等の適確な調達を図ることができないと認める場合には、当該指定装備品等の製造等を行うことができる施設（当該施設に係る土地を含む。）又は設備（以下この章において「指定装備品製造施設等」という。）を取得することができる。

（施設委託管理者）

第三十条　防衛大臣は、前条の規定により取得した指定装備品製造施設等について、当該指定装備品等の製造等を行わせるため、政令で定めるところ

により、当該指定装備品製造施設等において当該指定装備品等の製造等を行っていた装備品製造等事業者又は他の指定装備品製造施設等において当該指定装備品等の製造等を行っている装備品製造等事業者（当該指定装備品等と同種の装備品等の製造等を行っている装備品製造等事業者を含む。）に対し、その管理を委託するものとする。

2　前項の規定による委託を受けた装備品製造等事業者（以下この章において「施設委託管理者」という。）は、防衛省令で定めるところにより、当該委託を受けた管理の業務（以下この条及び第三十二条第一項において「施設委託管理業務」という。）の開始前に、施設委託管理業務に関する規程（第四項及び第五項において「施設委託管理業務規程」という。）を定め、防衛大臣の認可を受けなければならない。これを変更しようとするときも、同様とする。

3　防衛大臣は、前項の認可をするときは、あらかじめ、財務大臣に協議しなければならない。

4　施設委託管理業務規程には、施設委託管理業務の実施の方法その他の防衛省令で定める事項を定めておかなければならない。

5　防衛大臣は、第二項の認可をした施設委託管理業務規程が施設委託管理業務の適正かつ確実な実施上不適当となったと認めるときは、施設委託管理者に対し、これを変更すべきことを命ずることができる。

6　施設委託管理者は、毎事業年度、防衛省令で定めるところにより、施設委託管理業務に関し事業報告書及び収支決算書を作成し、当該事業年度の終了後三月以内に防衛大臣に提出しなければならない。

7　施設委託管理者は、防衛省令で定めるところにより、施設委託管理業務に係る経理とその他の業務に係る経理とを区分して整理しなければならない。

8　防衛大臣は、この章の規定の施行に必要があると認めるときは、施設委託管理者に対し、施設委託管理業務に関し監督上必要な命令をすることができる。

9　防衛大臣は、施設委託管理者が前項の命令に違反したときその他施設委託管理業務を適正かつ確実に実施することができないと認めるときは、施設委託管理業務の委託を廃止し、又は期間を定めて施設委託管理業務の全部若しくは一部の停止を命ずることができる。

（指定装備品製造施設等の目的外使用）

第三十一条　施設委託管理者は、防衛省令で定めるところにより、防衛大臣の承認を得て、指定装備品等の製造等の目的を妨げない限度において、前

条第一項の規定による委託を受けた指定装備品製造施設等を用いて、当該指定装備品等以外の製品の製造等を行うことができる。

（報告徴収及び立入検査）

第三十二条　防衛大臣は、この章の規定の施行に必要な限度において、施設委託管理者に対し、施設委託管理業務に関し必要な報告若しくは資料の提出を求め、又はその職員に、施設委託管理者の営業所若しくは事務所その他必要な場所に立ち入り、施設委託管理業務に関し質問させ、若しくは帳簿、書類その他の物件を検査させることができる。

2　第二十三条第二項及び第三項の規定は、前項の規定による立入検査について準用する。

（指定装備品製造施設等の譲渡）

第三十三条　防衛大臣は、第二十九条の規定により取得した指定装備品製造施設等については、できるだけ早期に、当該指定装備品製造施設等を用いて指定装備品等の製造等を行うことができる装備品製造等事業者に譲渡するよう努めるものとする。

2　前項の場合において、防衛大臣は、施設委託管理者が指定装備品製造施設等において行う指定装備品等の円滑な製造等に支障が生ずることのないよう配慮しなければならない。

第五章　雑則〔以下省略〕